河南省长江流域基本水文站工作管理及近远期规划研究

陈学珍　孙国苗　王　博　著

U0268289

黄河水利出版社
·郑州·

内 容 提 要

本书着重介绍了河南省长江流域基本水文(位)站的地理位置、数量和分布,水文(位)站的属性、特性特征、基本工作内容,明确了基本水文(位)站的工作管理要求,依据水文站实际优化选择测流方案和测洪方案。结合现行水文行业的现状及存在问题,根据社会经济的发展趋势对河南省长江流域的基本水文(位)站发展进行了近远期规划研究。

本书既可作为河南省长江流域基本水文站管理工作的依据,亦可供相关水文工作人员参考。

图书在版编目(CIP)数据

河南省长江流域基本水文站工作管理及近远期规划研究/陈学珍,孙国苗,王博著.—郑州:黄河水利出版社,2021.8

ISBN 978-7-5509-3070-4

Ⅰ.①河… Ⅱ.①陈… ②孙… ③王… Ⅲ.①长江流域-水文站-水文测验-研究-河南 Ⅳ.①P336.261

中国版本图书馆 CIP 数据核字(2021)第 165755 号

组稿编辑:王志宽 电话:0371-66024331 E-mail:wangzhikuan83@126.com

出版发行:黄河水利出版社
地址:河南省郑州市顺河路黄委会综合楼14层 邮政编码:450003
发行部电话:0371-66026940、66020550、66028024、66022620(传真)
E-mail:hhslcbs@126.com
承印单位:河南新华印刷集团有限公司
开本:787 mm×1 092 mm 1/16
印张:5.75
字数:100 千字 印数:1—1 000
版次:2021 年 8 月第 1 版 印次:2021 年 8 月第 1 次印刷
定价:38.00 元

前　言

国家基本水文站是收集水利建设、国民经济建设和社会发展所需的基础信息的基本水文站点,水文工作者也是防汛抗旱的尖兵和耳目、水资源水生态管理和保护的哨兵。近几年,国家在原有的基本水文(位)站点的基础上,对其基础设施进行了提升改造建设,水文站工作环境发生巨大变化,部分测验项目实现了自动化或半自动化。

本书提供了河南省长江流域 22 处基本水文站和 3 处基本水位站的分布情况,明确了基本水文(位)站测验任务、管理要求;分别对基本水文(位)站的观测项目、水文情报预报、水文水资源调查、水环境生态补偿断面流量、水文资料整编、测报设施管理和养护及安全生产、属站管理、业务学习等工作做了具体规定和要求;为基本水文站的测流方案的优化选择和测洪方案的科学选用提供了依据。本书结合水文行业的现状及存在问题,对河南省长江流域基本水文(位)站的近远期发展规划做了分析研究,是河南省市级水文机构对辖区内基本水文(位)站工作进行管理的重要依据,每个水文职工必须熟悉和掌握水文(位)站工作的内容、要求、方法及规定,并在水文测验工作中严格、准确地操作和执行。

作　者

2021 年 5 月

目　录

第1章 总 则

国家基本水文站是观测及收集河流、湖泊、水库等水体的水文、气象资料的基层水文机构。它观测的水文要素包括水位、流速、流向、波浪、含沙量、水温、冰情、地下水、水质等,是国民经济和社会发展的重要基础数据,广泛用于工业、农业、交通、军事、生态等社会发展及建设规划的方方面面。

河南省国家基本水文站的工作是根据河南省水利厅下达的目标管理任务,结合基本水文站具体情况制定的。本书规定的定位观测、巡测、水文调查、资料整编和分析、设施管理和养护、属站管理、技术辅导、业务学习等都是水文站的基本工作任务,必须严格执行。基本水文站的工作是根据现行水文测验国家标准和部颁标准及河南省制定的有关技术标准,并结合水文站实际情况制定的,是保证成果质量的基本要求,应认真贯彻执行。经过几十年的发展,水文站已取得一定系列水文要素数据资料,随着社会的发展、新型测验设备的应用和自动化水平的提高,工作任务有很大的变更,对基本水文站加强工作管理和制定新的工作任务势在必行。

基本水文站应根据工作的要求,全面加强质量管理,按照《水利部水文司水文测验质量检查评定办法》,规范水文测验操作流程,建立健全岗位责任制、成果质量管理责任制、测洪方案、巡测方案、设备管理制度等规章制度,四随(随测算、随拍报、随整理、随分析)制度要落实到位。加强水文调查,做到点面结合,宏观、全面地采集准确可靠的水文信息。各项原始记载必须书写工整,严禁涂改,以确保各项测验数据真实、完整、准确、可靠。任务书规定的观测项目作为正式资料参加资料整汇编。

《河南省长江流域基本水文站工作管理及近远期规划研究》对河南省长江流域22处国家基本水文站工作提出了新的要求,对所有测验项目、测次布置、资料采集、资料分析、资料整编、雨水情信息报汛、成果报送、测流方案及测洪方案等主要技术指标做了具体规定和要求。本书是水文管理机构对水文站进行科学管理的重要依据,水文职工必须熟悉和掌握水文站的工作内容、要求、方法及规定,并在水文测验作业中严格、准确地操作和执行;对水文行业现状、存在问题及近远期建设规划进行初步展望研究。

基本水文站在做好各项工作的同时要加强站容站貌管理,严格贯彻河南省水文水资源局《河南省国家基本水文站规范化管理办法》的精神,创建文明水文站。

在执行基本水文站工作任务过程中,若发现有不妥之处,应上报省级管理机构,修改之前,仍按现行工作要求执行。

第2章 概 况

　　河南省长江流域处于亚热带向暖温带的过渡地带,属典型的季风大陆半湿润气候,四季分明,阳光充足,雨量充沛,河流众多。流域面积在河南省境内 1 000 km^2 以上的河流有 10 条。主要河流有丹江、老灌河、淇河、白河、湍河、西赵河、刁河、唐河、泌阳河、三夹河等。由河南省水利厅设立的 22 处基本水文站和 3 处基本水位站分布在这 10 条主要干流河道及其支流上,监测各河流的水文信息。河南省长江流域水系及基本水文(位)站网分布见图 2-1。

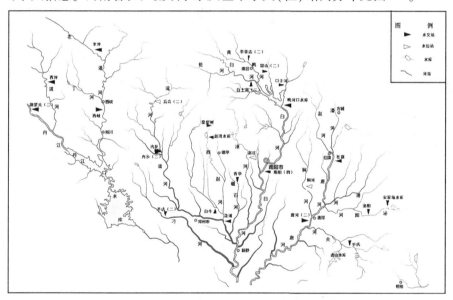

图 2-1　河南省长江流域水系及基本水文(位)站网分布

2.1 基本水文(位)站位置信息

　　河南省长江流域基本水文(位)站位置信息见表 2-1。

2.2 基本水文(位)站属性

基本水文(位)站属性是指水文(位)站的站名、站别、类别、性质及其设站目的。站别分为水文站和水位站;类别分为河道站和水库站;性质分为基本站和辅助站;设站目的是根据区域水文(位)站的代表性,位居哪个河道的控制断面,主要工作对采集水文要素信息资料系列有无要求,重要任务为水资源管理和防洪减灾提供服务。

河南省长江流域基本水文(位)站属性见表 2-2。

2.3 基本水文(位)站特性特征

基本水文(位)站的特性特征是指河流特性、河道特征和河槽形态,水文站特征值和水文测验断面附近上下游水利工程。河流按其特性可分为山区性河流、浅山区河流、平原河流及水库调节型河流四种;河道按其特征可分为宽浅河道、窄深河道;河槽形态有 U 形、V 形及复式三种;特征值主要说明多年平均降水量和多年平均径流量;水文测验断面附近上下游水利工程主要是对水文测验有显著影响的水利工程性质、名称和位置做简单说明。

河南省长江流域基本水文(位)站特性特征见表 2-3。

2.4 基本水文(位)站属站管理

河南省长江流域基本水文(位)站负责管理的基本雨量站及其观测、摘录段制见表 2-4。

表 2-1 河南省长江流域基本水文（位）站位置信息

序号	站名	测站编码	站别	隶属	级别	流域	水系	河名	汇入何处	东经	北纬	集水面积（km²）	至河口距离（km）	测站地址	邮政编码
1	荆紫关（二）	62001700	水文	河南省南阳水资源勘测局	一	长江	丹江	丹江	丹江	111°00′46.8″	33°14′56.4″	7 086	122	河南省淅川县荆紫关镇汉王坪村	474400
2	西坪	62006200	水文	河南省南阳水资源勘测局	二	长江	丹江	淇河	丹江	111°04′31.0″	33°25′15.1″	911	47	河南省西峡县西坪镇操场村	474591
3	米坪	62008200	水文	河南省南阳水资源勘测局	二	长江	丹江	老灌河	丹江	111°22′25.3″	33°35′07.3″	1 404	127	河南省西峡县米坪镇金钟寺村	474598
4	西峡	62008700	水文	河南省南阳水资源勘测局	一	长江	丹江	老灌河	丹江	111°29′03″	33°15′59″	3 418	58	河南省西峡县五里桥镇稻田沟村	474561
5	白土岗（二）	62010800	水文	河南省南阳水资源勘测局	二	长江	唐白河	白河	唐白河	112°23′51″	33°25′40″	1 134	188	河南省南召县白土岗镇白河店村	474666

续表 2-1

序号	站名	测站编码	站别	隶属	级别	流域	水系	河名	汇入何处	东经	北纬	集水面积（km²）	至河口距离（km）	测站地址	邮政编码
6	鸭河口水库	62011000	水文	河南省南阳水文水资源勘测局	一	长江	唐白河	白河	唐白河	112°37′47″	33°18′03″	3 025	165	河南省南召县皇路店镇东抬头村	474671
7	南阳（四）	62011400	水文	河南省南阳水文水资源勘测局	一	长江	唐白河	白河	唐白河	112°30′31″	32°56′57″	4 050	117	河南省南阳市宛城区溧河乡丘庄村	473000
8	李青店（二）	62012400	水文	河南省南阳水文水资源勘测局	二	长江	唐白河	黄鸭河	白河	112°26′20″	33°29′41″	600	14	河南省南召县城关镇北外村	474650
9	留山（二）	62012800	水文	河南省南阳水文水资源勘测局	三	长江	唐白河	留山河	白河	112°31′52″	33°28′28″	76.3	20	河南省南召县留山镇河口村	474661
10	口子河	62013200	水文	河南省南阳水文水资源勘测局	三	长江	唐白河	鸭河	白河	112°38′56″	33°24′30″	421	14	河南省南召县太山庙乡黄土岭村	474673

续表 2-1

序号	站名	测站编码	站别	隶属	级别	流域	水系	河名	汇入何处	东经	北纬	集水面积（km^2）	至河口距离（km）	测站地址	邮政编码
11	赵庄	62013600	水位	河南省南阳水文水资源勘测局	三	长江	唐白河	潦河	白河	112°23′53″	32°55′30″	487	48	河南省南阳市卧龙区王村乡赵庄村	473169
12	内乡(二)	62014000	水文	河南省南阳水文水资源勘测局	二	长江	唐白河	湍河	白河	111°51′05″	33°02′52″	1 507	98	河南省内乡县城关镇北园村	474350
13	后会(二)	62013800	水位	河南省南阳水文水资源勘测局	二	长江	唐白河	湍河	白河	111°48′14.5″	33°18′03.1″	816	140	河南省内乡县七里坪乡柏凹村	474350
14	急滩	62014600	水文	河南省南阳水文水资源勘测局	一	长江	唐白河	湍河	白河	112°15′57.7″	32°40′26.9″	4 263	20	河南省邓州市急滩镇廖寨村	474167
15	棠梨树	62015000	水文	河南省南阳水文水资源勘测局	三	长江	唐白河	西赵河	湍河	112°10′22″	33°10′23″	127	70	河南省镇平县二龙乡棠梨树村	474292

续表 2-1

序号	站名	测站编码	站别	隶属	级别	流域	水系	河名	汇入何处	东经	北纬	集水面积（km²）	至河口距离（km）	测站地址	邮政编码
16	赵湾水库	62015010	水文	河南省南阳水文水资源勘测局	二	长江	唐白河	西赵河	湍河	112°09′33″	33°07′16″	205	64	河南省镇平县石佛寺镇赵湾村	474671
17	白牛	62015100	水文	河南省南阳水文水资源勘测局	三	长江	唐白河	严陵河	西赵河	112°11′34″	32°44′50″	527	9.4	河南省邓州市白牛乡故事桥村	474164
18	青华	62015200	水文	河南省南阳水文水资源勘测局	三	长江	唐白河	礓石河	湍河	112°19′56″	32°53′21″	69.2	34	河南省南阳市卧龙区青华镇青华村	473138
19	半店（二）	62015600	水文	河南省南阳水文水资源勘测局	三	长江	唐白河	刁河	白河	111°51′57.8″	32°42′11.4″	435	72	河南省淅川县九重镇唐王桥村	474475
20	社旗	62016000	水文	河南省南阳水文水资源勘测局	二	长江	唐白河	唐河	唐白河	112°57′43″	33°01′16″	1 044	178	河南省社旗县郝寨镇新庄村	473137

续表 2-1

序号	站名	测站编码	站别	隶属	级别	流域	水系	河名	汇入何处	东经	北纬	集水面积（km²）	至河口距离（km）	测站地址	邮政编码
21	唐河（二）	62016200	水文	河南省南阳市水文水资源勘测局	一	长江	唐白河	唐河	唐白河	112°48'26"	32°40'30"	4 777	121	河南省唐河县滨河街道办事处牛埠口村	473400
22	宋家场水库	62017200	水文	河南省驻马店水文水资源勘测局	三	长江	唐白河	十八道河	唐河	113°31'41"	32°45'45"	186	68.5	河南省泌阳县高邑乡小屯村	463719
23	泌阳	62017400	水位	河南省驻马店水文水资源勘测局	三	长江	唐白河	泌阳河	唐河	113°18'09"	32°42'55"	660	50	河南省泌阳县泌水镇邱庄村	463799
24	桐河	62017600	水位	河南省南阳市水文水资源勘测局	三	长江	唐白河	桐河	唐河	112°45'46"	32°53'18"	470	30	河南省唐河县桐河乡申庄村	473403
25	平氏	62017800	水文	河南省南阳市水文水资源勘测局	三	长江	唐白河	三夹河	唐河	113°03'13"	32°32'49"	748	32	河南省桐柏县埠江镇前埠村	474785

表 2-2 河南省长江流域基本水文（位）站属性

序号	站名	站别	类别	性质	设站目的
1	荆紫关（二）	水文	河道	基本	本站为区域代表站，是丹江控制站，采集断面以上长系列水文要素信息，为水资源管理和防汛减灾提供服务
2	西坪	水文	河道	基本	本站为区域代表站，是淇河控制站，采集断面以上长系列水文要素信息，为水资源管理和防汛减灾提供服务
3	米坪	水文	河道	基本	本站为区域代表站，是老灌河控制站，采集断面以上长系列水文要素信息，为水资源管理和防汛减灾提供服务
4	西峡	水文	河道	基本	本站为区域代表站，是老灌河控制站，采集断面以上长系列水文要素信息，为水资源管理和防汛减灾提供服务
5	白土岗（二）	水文	河道	基本	本站为区域代表站，是白河控制站，鸭河口水库重要入库控制站，采集断面以上长系列水文要素信息，为水资源管理和防汛减灾提供服务
6	鸭河口水库	水文	水库	基本	本站为区域代表站，是鸭河口水库水文站，采集断面以上长系列水文要素信息，为水库管理和防汛减灾提供服务
7	南阳（四）	水文	河道	基本	本站为区域代表站，是白河控制站，采集断面以上长系列水文要素信息，为水资源管理和防汛减灾提供服务
8	李青店（二）	水文	河道	基本	本站为山区区域代表站，是黄鸭鸭控制站，鸭河口水库重要入库控制站，采集断面以上长系列水文要素信息，为水资源管理和防汛减灾提供服务

序号	站名	站别	类别	性质	设站目的
9	留山(二)	水文	河道	基本	本站为山区小面积代表站,是留山河控制站,采集断面以上长系列水文要素信息,为水资源管理和防汛减灾提供服务
10	口子河	水文	河道	基本	本站为山区区域代表站,是鸭河控制站、鸭河口水库重要入库控制站,采集断面以上长系列水文要素信息,为水资源管理和防汛减灾提供服务
11	赵庄	水位	河道	基本	本站为区域代表站,是潦河控制站,曾为南水北调工程收集资料,现采集断面以上长系列水文要素信息,为水资源管理和防汛减灾提供服务
12	内乡(二)	水文	河道	基本	本站为区域代表站,是湍河控制站,采集断面以上长系列水文要素信息,为水资源管理和防汛减灾提供服务
13	后会(二)	水位	河道	基本	本站是湍河上游山区区域代表站,采集断面以上长系列水文要素信息,为防汛减灾提供服务
14	谭滩	水文	河道	基本	本站为区域代表站,是谭河控制站,采集断面以上长系列水文要素信息,为水资源管理和防汛减灾提供服务
15	棠梨树	水文	河道	基本	本站为小面积区域代表站,是西赵河控制站,赵湾水库主要入库控制站,采集断面以上长系列水文要素信息,为水资源管理和防汛减灾提供服务
16	赵湾水库	水文	水库	基本	本站为区域代表站,是赵湾水库水文站,采集断面以上长系列水文要素信息,为水库管理和防汛减灾提供服务

续表 2-2

序号	站名	站别	类别	性质	设站目的
17	白牛	水文	河道	基本	本站为区域代表站,是严陵河控制站,采集断面以上长系列水文要素信息,为水资源管理和防汛减灾提供服务
18	青华	水文	河道	基本	本站为平原区域代表站,是疆石河控制站,采集断面以上长系列水文要素信息,为水资源管理和防汛减灾提供服务
19	半店(二)	水文	河道	基本	本站为唐白河牛山丘陵区代表站,是刁河控制站,采集断面以上长系列水文要素信息,为水资源管理和防汛减灾提供服务
20	社旗	水文	河道	基本	本站为区域代表站,是唐河控制站,采集断面以上长系列水文要素信息,为水资源管理和防汛减灾提供服务
21	唐河(二)	水文	河道	基本	本站为区域代表站,是唐河控制站,采集断面以上长系列水文要素信息,为水资源管理和防汛减灾提供服务
22	宋家场水库	水文	水库	基本	本站为山丘小面积代表站,采集断面以上长系列水文要素信息,为水库管理和防汛减灾提供服务
23	泌阳	水文	河道	基本	本站为长江流域唐白河水系泌阳河控制站,采集断面以上长系列水文要素信息,为水资源管理和防汛减灾提供服务
24	桐河	水位	河道	基本	本站为区域代表站,是桐河控制站,采集断面以上长系列水文要素信息,为水资源管理和防汛减灾提供服务
25	平氏	水文	河道	基本	本站为丘陵区域代表站,是三夹河控制站,采集断面以上长系列水文要素信息,为水资源管理和防汛减灾提供服务

表 2-3　河南省长江流域基本水文（位）站特性特征

序号	站名	河流特性	河道特征	河槽形态	主槽宽(m)	多年平均降水量(mm)	多年平均径流量(亿 m³)	附近水利工程
1	荆紫关(二)	山区性河流	宽浅河道	U形	320	802.0	14.64	上游 3.5 km 有溢流坝和引水闸
2	西坪	山区性河流	宽浅河道	U形	160	810.1	2.139	
3	米坪	山区性河流	宽浅河道	U形	120	805.5	3.237	上游 1.0 km 处有漫水坝及电站引水渠
4	西峡	山区性河流	宽浅河道	U形	220	846.0	8.11	上游 3.6 km 有滚水坝和引水闸
5	白土岗(二)	山区性河流	宽浅河道	U形	320	903.6	4.293	上游 1.2 km 有橡胶坝
6	鸭河口水库	水库调节型河流	宽浅河道	U形	450	827.5	9.906	溢洪道测流断面上游 2.2 km 有大坝和闸门
7	南阳(四)	平原河流	宽浅河道	U形	700	827.5	6.338	上游有 5 级橡胶坝,最近 370 m
8	李青店(二)	山区性河流	宽浅河道	U形	200	856.8	2.115	上游 180 m 有混凝土溢流坝
9	留山(二)	山区性河流	宽浅河道	V形	90	868.8		
10	口子河	山区性河流	宽浅河道	U形	180	870.3	1.27	上游 1.2 km 有拦水坝
11	内乡(二)	山区性河流	宽浅河道	U形	350	766.9	3.502	上、下游均有橡胶坝
12	澄滩	平原河流	窄深河道	U形	160	766.9	7.268	
13	棠梨树	山区性河流	宽浅河道	U形	140	754.5	0.4119	

续表 2-3

序号	站名	河流特性	河道特征	河槽形态	主槽宽 (m)	多年平均降水量 (mm)	多年平均径流量 (亿m³)	附近水利工程
14	赵湾水库	水库调节型河流	宽浅河道	U形	20	827.5	0.132	溢洪道测流断面上游200 m 为大坝和溢洪闸门
15	白牛	平原河流	窄深河道	复式	170	658.7	0.524 1	
16	青华	平原河流	窄深河道	V形	55	664.8		
17	半店(二)	浅山区河流	窄深河道	V形	95	724.4	0.734 4	上游3.5 km有南水北调中线退水闸
18	社旗	平原河流	窄深河道	U形	120	829.2	2.346	
19	唐河(二)	平原河流	窄深河道	复式	320	866.4	10.61	上游120 m 有橡胶坝
20	宋家场水库	水库调节型河流	宽浅河道	U形	59	930.0	0.65	测流断面上游60 m处为溢道道闸
21	泌阳	浅山区河流	宽浅河道	U形	320	913.5	1.65	上、下游均有橡胶坝
22	平氏	浅山区河流	宽浅河道	U形	290	947.3	2.266	
23	赵庄	平原河流	宽浅河道	V形	180	724.1		
24	后会(二)	山区性河流	宽浅河道	U形	110	829.8		上游1.1 km处有废水坝和引水渠
25	桐河	平原河流	宽浅河道	V形	100	804.0		

表 2-4 河南省长江流域基本水文（位）站负责管理的基本雨量站及其观测、摘录段制

序号	水文站名	属站类别	测站编码	站名	水系	河名	观测项目	观测段制		降水量制表		摘录段制	自记或标准	报汛部门	备注
								非汛期	汛期	(1)或(2)	逐日				
1	荆紫关(二)	基本雨量	62027800	荆紫关	丹江	丹江	降水量	2	24	(1)	✓	24	自记	省	
		基本雨量	62030200	西黄	丹江	淇河	降水量		24	(2)	✓	24	自记	省	汛期
		基本雨量	62030400	磨岭湾	丹江	丹江	降水量	24	24	(2)	✓	24	自记	省	雨雪
		基本雨量	62032200	白沙岗	丹江	滔河	降水量	24	24	(2)	✓	24	自记	省	雨雪
		基本雨量	62032400	城关	丹江	丹江	降水量		24	(2)	✓	24	自记	省	汛期
		基本雨量	62037500	安沟	丹江	紫河	降水量	24	24	(2)	✓	24	自记	省	雨雪
		基本雨量	62037700	淅川	丹江	老灌河	降水量	24	24	(2)	✓	24	自记	省	雨雪
		基本雨量	62038100	黄庄	丹江	丹江	降水量	24	24	(2)	✓	24	自记	省	雨雪
		基本雨量	62038700	仓房	丹江	丹江	降水量	24	24	(2)	✓	24	自记	省	雨雪
2	西坪	基本雨量	62029600	西坪	丹江	淇河	降水量	2	24	(1)	✓	24	自记	省	
3	米坪	基本雨量	62032800	香山	丹江	老灌河	降水量		24	(2)	✓	24	自记	省	汛期
		基本雨量	62033000	三川	丹江	叫河	降水量		24	(2)	✓	24	自记	省	汛期
		基本雨量	62033200	叫河	丹江	叫河	降水量	24		(2)	✓	24	自记	省	汛期
		基本雨量	62033400	黄坪	丹江	汤河	降水量		24	(2)	✓	24	自记	省	汛期
		基本雨量	62033600	朱阳关	丹江	老灌河	降水量	24	24	(2)	✓	24	自记	省	雨雪
		基本雨量	62033800	桑坪	丹江	老灌河	降水量	24	24	(2)	✓	24	自记	省	雨雪
		基本雨量	62034000	黑烟镇	丹江	老灌河	降水量	24	24	(2)	✓	24	自记	省	雨雪
		基本雨量	62034700	新庄	丹江	官山河	降水量	24	24	(1)	✓	24	自记	省	雨雪
		基本雨量	62034500	米坪	丹江	老灌河	降水量	2	24	(1)	✓	24	自记	省	

续表 2-4

序号	水文站名	属站类别	测站编码	站名	水系	河名	观测项目	观测段制		降水量制表		摘录段制	自记或标准	报汛部门	备注
								非汛期	汛期	(1)或(2)	逐日				
4	西峡	基本雨量	62035100	黄石庵	丹江	军马河	降水量		24	(2)	√	24	自记	省	汛期
		基本雨量	62035300	军马河	丹江	军马河	降水量		24	(2)	√	24	自记	省	汛期
		基本雨量	62035900	蛇尾	丹江	蛇尾河	降水量	24	24	(2)	√	24	自记	省	雨雪
		基本雨量	62036300	重阳	丹江	丁河	降水量	24	24	(2)	√	24	自记	省	雨雪
		基本雨量	62036500	陈阳坪	丹江	陈阳河	降水量	24	24	(2)	√	24	自记	省	雨雪
		基本雨量	62046700	丹水	唐白河	丹水河	降水量	24	24	(2)	√	24	自记	省	雨雪
		基本雨量	62048800	阳城	丹江	阳城河	降水量		24	(2)	√	24	自记	省	汛期
		基本雨量	62028400	瓦盆沟	丹江	淇河	降水量	24	24	(2)	√	24	自记	省	雨雪
		基本雨量	62028600	罗家庄	丹江	杨泗河	降水量		24	(2)	√	24	自记	省	汛期
		基本雨量	62028000	狮子坪	丹江	淇河	降水量	24	24	(2)	√	24	自记	省	雨雪
		基本雨量	62028200	里曼河	丹江	淇河	降水量		24	(2)	√	24	自记	省	汛期
		基本雨量	62029100	方家庄	丹江	峡河	降水量	24	24	(2)	√	24	自记	省	雨雪
		基本雨量	62036700	丁河	丹江	丁河	降水量		24	(2)	√	24	自记	省	汛期
		基本雨量	62037300	西灌	丹江	老灌河	降水量	2	24	(1)	√	24	自记	省	雨雪
		基本雨量	62035500	太平镇	丹江	蛇尾河	降水量	24	24	(2)	√	24	自记	省	雨雪
		基本雨量	62035700	二郎坪	丹江	蛇尾河	降水量	24	24	(2)	√	24	自记	省	雨雪

续表 2-4

序号	水文站名	属站类别	测站编码	站名	水系	河名	观测项目	观测段制 非汛期	观测段制 汛期	降水量制表 (1)或(2)	降水量制表 逐日	摘录 段制	自记或标准	报汛部门	备注
5	白土岗(二)	基本雨量	62040500	白河	唐白河	白河	降水量	24	24	(2)	√	24	自记	省	雨雪
		基本雨量	62040600	竹园	唐白河	东庄河	降水量		24	(2)	√	24	自记	省	汛期
		基本雨量	62040700	乔端	唐白河	白河	降水量	24	24	(2)	√	24	自记	省	雨雪
		基本雨量	62040800	玉葬	唐白河	淇河	降水量		24	(2)	√	24	自记	省	汛期
		基本雨量	62040900	小街	唐白河	空运河	降水量	24	24	(2)	√	24	自记	省	雨雪
		基本雨量	62041000	钟店	唐白河	淇河	降水量	24	24	(2)	√	24	自记	省	雨雪
		基本雨量	62041200	余坪	唐白河	白河	降水量		24	(2)	√	24	自记	省	汛期
		基本雨量	62041300	白土岗	唐白河	白河	降水量	2	24	(1)	√	24	自记	省	
		基本雨量	62042200	花子岭	唐白河	大河	降水量		24	(2)	√	24	自记	省	汛期
6	鸭河口水库	基本雨量	62042100	苗庄	唐白河	白河	降水量		24	(2)	√	24	自记	省	汛期
		基本雨量	62042400	廖庄	唐白河	排路河	降水量	24	24	(2)	√	24	自记	省	雨雪
		基本雨量	62042500	四棵树	唐白河	关庄河	降水量		24	(2)	√	24	自记	省	汛期
		基本雨量	62042600	南河店	唐白河	排路河	降水量		24	(2)	√	24	自记	省	汛期
		基本雨量	62042700	下店	唐白河	白河	降水量		24	(2)	√	24	自记	省	汛期
		基本雨量	62044200	小庄	唐白河	鸭河	降水量	24	24	(2)	√	24	自记	省	汛期
		基本雨量	62044600	石门	唐白河	柳扒河	降水量	24	24	(2)	√	24	自记	省	雨雪
		基本雨量	62044800	小闸庄	唐白河	博望河	降水量	24	24	(2)	√	24	自记	省	雨雪
		基本雨量	62044300	鸭河口	唐白河	白河	降水量	2	24	(1)	√	24	自记	省	

续表2-4

序号	水文站名	属站类别	测站编码	站名	水系	河名	观测项目	观测段制		降水量制表		摘录	自记或标准	报汛部门	备注
								非汛期	汛期	(1)或(2)	逐日	段制			
7	南阳（四）	基本雨量	62044500	龙王沟	唐白河	泗水河	降水量	24	24	(2)	√	24	自记	省	雨雪
		基本雨量	62044900	南阳	唐白河	白河	降水量	2	24	(1)	√	24	自记	省	雨雪
		基本雨量	62045000	瓦店	唐白河	白河	降水量	24	24	(2)	√	24	自记	省	雨雪
		基本雨量	62045100	陡坡	唐白河	潦河	降水量	24	24	(2)	√	24	自记	省	雨雪
		基本雨量	62045300	大马石眼	唐白河	潦河	降水量	24	24	(2)	√	24	自记	省	雨雪
		基本雨量	62049400	常营	唐白河	沙河	降水量		24	(2)	√	24	自记	省	汛期
		基本雨量	62049800	下潘营	唐白河	礓石河	降水量		24	(2)	√	24	自记	省	汛期
		基本雨量	62055000	武峦	唐白河	小清河	降水量	24	24	(2)	√	24	自记	省	雨雪
		基本雨量	62057500	大路张	唐白河	涧河	降水量		24	(2)	√	24	自记	省	汛期
		基本雨量	62047700	怨桥	唐白河	涧河	降水量		24	(2)	√	24	自记	省	汛期
8	李青店（二）	基本雨量	62041400	焦园	唐白河	黄鸭河	降水量	24	24	(2)	√	24	自记	省	雨雪
		基本雨量	62041500	马市坪	唐白河	黄鸭河	降水量	24	24	(2)	√	24	自记	省	雨雪
		基本雨量	62041600	菜园	唐白河	黄鸭河	降水量	24	24	(2)	√	24	自记	省	雨雪
		基本雨量	62041700	李家庄	唐白河	狮子河	降水量		24	(2)	√	24	自记	省	汛期
		基本雨量	62041800	羊马坪	唐白河	古路河	降水量	24	24	(2)	√	24	自记	省	雨雪
		基本雨量	62041900	二道河	唐白河	回龙沟	降水量		24	(2)	√	24	自记	省	汛期
		基本雨量	62042000	李青店	唐白河	黄鸭河	降水量	2	24	(1)	√	24	自记	省	雨雪
9	留山（二）	基本雨量	62042800	斗珠	唐白河	大沟河	降水量	24	24	(2)	√	24	自记	省	雨雪
		基本雨量	62042900	上官庄	唐白河	大沟河	降水量		24	(2)	√	24	自记	省	汛期
		基本雨量	62043000	下石笼	唐白河	留山河	降水量		24	(2)	√	24	自记	省	汛期
		基本雨量	62043300	留山	唐白河	留山河	降水量	24	24	(1)	√	24	自记	省	雨雪

序号	水文站名	属站类别	测站编码	站名	水系	河名	观测项目	观测段制		降水量制表		摘录	自记或标准	报汛部门	备注
								非汛期	汛期	(1)或(2)	逐日	段制			
10	口子河	基本雨量	62043600	郭庄	唐白河	黄后河	降水量		24	(2)	✓	24	自记	省	汛期
		基本雨量	62043700	云阳	唐白河	鸭河	降水量	24	24	(2)	✓	24	自记	省	雨雪
		基本雨量	62043800	杨西庄	唐白河	鸡河	降水量		24	(2)	✓	24	自记	省	汛期
		基本雨量	62043900	建坪	唐白河	空山河	降水量	24	24	(2)	✓	24	自记	省	雨雪
		基本雨量	62044000	小店	唐白河	川店河	降水量		24	(2)	✓	24	自记	省	汛期
		基本雨量	62044100	口子河	唐白河	鸭河	降水量	2	24	(1)	✓	24	自记	省	
11	赵庄	基本雨量	62051800	赵庄	唐白河	大冲河	降水量		24	(2)	✓	24	自记	省	汛期
12	后会(二)	基本雨量	62045500	后会	唐白河	潦河	降水量	24	24	(1)	✓	24	自记	省	雨雪
		基本雨量	62037900	庙岗	丹江	湍河	降水量	24	24	(2)	✓	24	自记	省	
		基本雨量	62045700	葛条爬	唐白河	菅土河	降水量	2	24	(2)	✓	24	自记	省	雨雪
		基本雨量	62045900	大龙	唐白河	湍河	降水量	24	24	(2)	✓	24	自记	省	雨雪
		基本雨量	62046000	板厂	唐白河	王道河	降水量		24	(2)	✓	24	自记	省	雨雪
13	内乡(二)	基本雨量	62046100	雁岭街	唐白河	雁岭河	降水量	24	24	(2)	✓	24	自记	省	汛期
		基本雨量	62046200	大栗坪	唐白河	栗坪河	降水量		24	(2)	✓	24	自记	省	汛期
		基本雨量	62046300	青杠树	唐白河	黄龙河	降水量	24	24	(2)	✓	24	自记	省	雨雪
		基本雨量	62046600	赤眉	唐白河	湍河	降水量	2	24	(1)	✓	24	自记	省	汛期
		基本雨量	62047000	内乡	唐白河	湍河	降水量		24	(2)	✓	24	自记	省	雨雪
		基本雨量	62047100	黄营	唐白河	黄龙河	降水量	24	24	(2)	✓	24	自记	省	汛期
		基本雨量	62047200	马山口	唐白河	默河	降水量		24	(2)	✓	24	自记	省	汛期
		基本雨量	62047300	王店	唐白河	默河	降水量		24	(2)	✓	24	自记	省	汛期
		基本雨量	62050600	咋蚰	唐白河	刁河	降水量		24	(2)	✓	24	自记	省	汛期
		基本雨量	62050800	苓集	唐白河	刁河	降水量	24	24	(2)	✓	24	自记	省	雨雪

续表 2-4

序号	水文站名	属站类别	测站编码	站名	水系	河名	观测项目	观测段制		降水量制表		摘录段制	自记或标准	报汛部门	备注
								非汛期	汛期	(1)或(2)	逐日				
14	逭滩	基本雨量	62050000	樱东	唐白河	礓石河	降水量	24	24	(2)	√	24	自记	省	雨雪
		基本雨量	62051200	构林	唐白河	刁河	降水量	24	24	(2)	√	24	自记	省	雨雪
		基本雨量	62049100	大王集	唐白河	严陵河	降水量	24	24	(2)	√	24	自记	省	雨雪
		基本雨量	61949100	林扒	汉江	排子河	降水量	24	24	(2)	√	24	自记	省	雨雪
		基本雨量	62049300	逭滩	唐白河	湍河	降水量	2	2	(1)	√	24	自记	省	
		基本雨量	62047500	张村	唐白河	湍河	降水量	24	24	(2)	√	24	自记	省	雨雪
		基本雨量	62047600	邓州	唐白河	湍河	降水量	24	24	(2)	√	24	自记	省	雨雪
		基本雨量	62050400	沙堰	唐白河	白河	降水量		24	(2)	√	24	自记	省	汛期
		基本雨量	62050500	新野	唐白河	白河	降水量	24	24	(2)	√	24	自记	省	雨雪
		基本雨量	62047900	高峰	唐白河	西赵河	降水量	24	24	(2)	√	24	自记	省	雨雪
		基本雨量	62048200	二潭	唐白河	西赵河	降水量		24	(2)	√	24	自记	省	汛期
		基本雨量	62048300	柳树底	唐白河	西赵河	降水量		24	(2)	√	24	自记	省	汛期
		基本雨量	62048400	杏山	唐白河	西赵河	降水量		24	(2)	√	24	自记	省	汛期
15	棠梨树	基本雨量	62048500	棠梨树	唐白河	西赵河	降水量	2	2	(1)	√	24	自记	省	雨雪
		基本雨量	62048700	镇平	唐白河	西赵河	降水量	24	24	(2)	√	24	自记	省	雨雪
		基本雨量	62048900	芦医	唐白河	严陵河	降水量	24	24	(2)	√	24	自记	省	雨雪
		基本雨量	62049000	贾宋	唐白河	严陵河	降水量	24	24	(2)	√	24	自记	省	雨雪

续表2-4

序号	水文站名	属站类别	测站编码	站名	水系	河名	观测项目	观测段制 非汛期	观测段制 汛期	降水量制表 (1)或(2)	降水量制表 逐日	摘录 段制	自记或标准	报汛部门	备注
16	赵湾水库	基本雨量	62048520	赵湾	唐白河	西赵河	降水量	2	24	(1)	√	24	自记	省	
17	白牛	基本雨量	62049200	白牛	唐白河	严陵河	降水量	1	24	(2)	√	24	自记	省	
18	青华	基本雨量	62050100	青华	唐白河	礓石河	降水量		24	(1)	√	24	自记	省	汛期
19	半店（二）	基本雨量	62051000	半店	唐白河	刁河	降水量	2	24	(2)	√	24	自记	省	雨雪
		基本雨量	61948900	邹楼	汉江	排子河	降水量	24	24	(2)	√	24	自记	省	雨雪
20	社旗	基本雨量	62051700	维摩寺	唐白河	赵河	降水量	24	24	(2)	√	24	自记	省	雨雪
		基本雨量	62051900	罗汉山	唐白河	赵河	降水量	24	24	(2)	√	24	自记	省	雨雪
		基本雨量	62052000	平高台	唐白河	赵河	降水量	24	24	(2)	√	24	自记	省	雨雪
		基本雨量	62052100	杨集	唐白河	潘河	降水量		24	(2)	√	24	自记	省	汛期
		基本雨量	62052200	方城	唐白河	潘河	降水量	24	24	(1)	√	24	自记	省	雨雪
		基本雨量	62052300	望花亭	唐白河	礓石河	降水量	24	24	(2)	√	24	自记	省	雨雪
		基本雨量	62052400	陌陂	唐白河	沙河	降水量		24	(2)	√	24	自记	省	汛期
		基本雨量	62052500	社旗	唐白河	唐河	降水量	2	24	(1)	√	24	自记	省	
		基本雨量	62053100	饶良	唐白河	饶良河	降水量	24	24	(2)	√	24	自记	省	雨雪
		基本雨量	62053200	坑黄	唐白河	饶良河	降水量	24	24	(2)	√	24	自记	省	雨雪

续表 2-4

序号	水文站名	属站类别	测站编码	站名	水系	河名	观测项目	观测段制		降水量制表		摘录	自记或标准	报汛部门	备注
								非汛期	汛期	(1)或(2)	逐日	段制			
21	唐河(二)	基本雨量	62052700	半坡	唐白河	唐河	降水量		24	(2)	√	24	自记	省	汛期
		基本雨量	62054800	少拜寺	唐白河	温凉河	降水量		24	(2)	√	24	自记	省	汛期
		基本雨量	62054900	大河屯	唐白河	泌阳河	降水量	24	24	(2)	√	24	自记	省	雨雪
		基本雨量	62055400	唐河	唐白河	唐河	降水量	2	24	(1)	√	24	自记	省	
		基本雨量	62056500	张马店	唐白河	王河	降水量	24	24	(2)	√	24	自记	省	雨雪
		基本雨量	62057000	毕店	唐白河	江河	降水量	24	24	(2)	√	24	自记	省	雨雪
		基本雨量	62057100	祁仪	唐白河	清水河	降水量	24	24	(2)	√	24	自记	省	雨雪
		基本雨量	62057200	管岗	唐白河	清水河	降水量	24	24	(2)	√	24	自记	省	雨雪
		基本雨量	62057600	白秋	唐白河	涧河	降水量		24	(2)	√	24	自记	省	汛期
		基本雨量	62057800	湖阳	唐白河	蓼河	降水量	24	24	(2)	√	24	自记	省	雨雪
		基本雨量	62057900	苍台	唐白河	唐河	降水量	24	24	(2)	√	24	自记	省	雨雪
22	宋家场水库	基本雨量	62053300	闵庄	唐白河	十八道河	降水量	24	24	(2)	√	24	自记	省	
		基本雨量	62053400	羊进冲	唐白河	十八道河	降水量	24	24	(2)	√	24	自记	省	
		基本雨量	62053500	邓庄铺	唐白河	十八道河	降水量	24	24	(2)	√	24	自记	省	
		基本雨量	62053600	铜峰	唐白河	铜山沟	降水量		24	(2)	√	24	自记	省	汛期
		基本雨量	62053700	宋家场	唐白河	十八道河	降水量	2	24	(1)	√	24	自记	省	
		基本雨量	62053800	柳河	唐白河	柳河	降水量	24	24	(2)	√	24	自记	省	汛期

续表 2-4

序号	水文站名	属站类别	测站编码	站名	水系	河名	观测项目	观测段制		降水量制表			摘录段制	自记或标准	报汛部门	备注
								非汛期	汛期	(1)或(2)	逐日					
23	泌阳	基本雨量	62052800	华山	唐白河	沘河	降水量	24	24	(2)	∨	24	自记	省	
		基本雨量	62053900	王店	唐白河	柳河	降水量	24	24	(2)	∨	24	自记	省	
		基本雨量	62054000	马谷田	唐白河	马沙河	降水量	24	24	(2)	∨	24	自记	省	
		基本雨量	62054200	高庄	唐白河	石门沟	降水量		24	(2)	∨	24	自记	省	汛期
		基本雨量	62054100	二铺	唐白河	泌阳河	降水量		24	(2)	∨	24	自记	省	汛期
		基本雨量	62054700	官庄	唐白河	梁河	降水量		24	(2)	∨	24	自记	省	汛期
		基本雨量	62054300	泌阳	唐白河	泌阳河	降水量	2	24	(1)	∨	24	自记	省	
24	桐河	基本雨量	62055300	桐河	唐白河	桐河	降水量	24	24	(2)	∨	24	自记	省	雨雪
25	平氏	基本雨量	62055500	新城	唐白河	三夹河	降水量	24	24	(2)	∨	24	自记	省	雨雪
		基本雨量	62055700	吴井	唐白河	三夹河	降水量	24	24	(2)	∨	24	自记	省	雨雪
		基本雨量	62056100	鸿仪河	唐白河	鸿仪河	降水量	24	24	(2)	∨	24	自记	省	雨雪
		基本雨量	62056200	二郎山	唐白河	鸿鸭河	降水量	24	24	(2)	∨	24	自记	省	雨雪
		基本雨量	62056300	平氏	唐白河	三夹河	降水量	2	24	(1)	∨	24	自记	省	
		基本雨量	62056900	安棚	唐白河	江河	降水量		24	(2)	∨	24	自记	省	汛期

第3章 基本水文站工作内容

3.1 观测项目

3.1.1 观测项目

河南省长江流域基本水文(位)站的观测项目分为基本观测项目和辅助观测项目。河南省长江流域基本水文(位)站基本观测项目和辅助观测项目一览表见表3-1。表3-1中测验地点(断面)栏根据河南省长江流域基本水文(位)站实际观测情况,列有基本观测项目所在的断面名称和观测场名称,断面只列有基本水尺断面;与基本水尺断面重合的及辅助观测项目所在的断面不再——列出,如流速仪测流断面、比降水尺上下断面、浮标测流断面等。基本观测项目栏主要列有水位、流量、单样含沙量、输沙率、降水量、蒸发量及水文调查等;辅助观测项目栏主要列有水质、初终霜、水温、冰情、气象、墒情和比降等。

3.1.2 巡测间测规定

河南省长江流域基本水文站巡测间测规定见表3-2。

3.1.3 测验项目观测要求

河南省长江流域基本水文站主要测验项目要求一览表见表3-3。

表 3-1　河南省长江流域基本水文（位）站基本观测项目和辅助观测项目一览表

序号	站名	测验地点（断面）	测站编码	基本观测项目								辅助观测项目					
				水位	流量	单样含沙量	输沙率	降水量	蒸发量	水文调查	水质	初终霜	水温	冰情	气象	墒情	比降
1	荆紫关（三）	基本水尺断面	62001700	√	√	√	√				√			√		√	√
		荆紫关（渠）	62001701	√	√	√											
		观测场	62027800					√	√			√					
2	西坪	基本水尺断面	62006200	√						√	√			√			
		观测场	62029600					√				√					
3	米坪	基本水尺断面	62008200	√	√	√				√	√			√			√
		米坪（渠）	62008201	√	√	√											
		观测场	62034500					√				√					
4	西峡	基本水尺断面	62008700	√	√					√	√		√	√			√
		西峡（渠）	62008701	√	√	√											
		观测场	62037300					√	√			√					
5	白土岗（二）	基本水尺断面	62010800	√	√		√			√	√			√		√	
		观测场	62041300					√				√					

续表 3-1

序号	站名	测验地点（断面）	测站编码	基本观测项目							辅助观测项目						
				水位	流量	单样含沙量	输沙率	降水量	蒸发量	水文调查	水质	初终霜	水温	冰情	气象	墒情	比降
6	鸭河口水库	鸭河口水库（坝上）	62011000	√							√		√	√			
		鸭河口水库（东干渠）	62011001	√	√												
		鸭河口水库（左岸尾水渠）	62011002	√	√												
		鸭河口水库（右渠）	62011003	√	√												
		鸭河口水库（溢洪道）	62011004	√	√												
		观测场	62044300					√	√			√					
7	南阳（四）	基本水尺断面	62011400	√	√					√	√			√		√	
		观测场	62044900					√	√			√					
8	李青店（二）	基本水尺断面	62012400	√	√				√	√				√			√
		观测场	62042000					√				√					
9	留山（二）	基本水尺断面	62012800	√	√												
		留山	62043300					√				√		√			
10	口子河	基本水尺断面	62013200	√	√					√	√			√			
		观测场	62044100					√				√					
11	赵庄	基本水尺断面	62013600	√										√			
		观测场	62045500					√				√					

序号	站名	测验地点（断面）	测站编码	基本观测项目 水位	流量	单样含沙量	输沙率	降水量	蒸发量	水文调查	辅助观测项目 水质	初终霜	水温	冰情	气象	墒情	比降
12	后会（二）	基本水尺断面	62013800	√										√			
		观测场	62046500									√					
13	内乡（二）	基本水尺断面	62014000	√	√									√		√	
		观测场	62047000					√	√			√					
14	迷滩	基本水尺断面	62014600	√	√	√	√			√	√		√	√		√	√
		观测场	62049300					√	√			√					
15	棠梨树	基本水尺断面	62015000	√	√	√				√				√		√	√
		观测场	62048500														
16	赵湾水库	观测场（坝上）	62015010	√													
		赵湾水库（东干渠）	62015011	√	√												
		赵湾水库（西干渠）	62015012	√	√												
		赵湾水库（溢洪道）	62015014	√	√												
		观测场	62048520					√	√	√	√	√					
17	白牛	基本水尺断面	62015100	√	√									√			
		观测场	62049200					√				√					
18	青华	基本水尺断面	62015200	√	√			√				√					
19	半店（二）	基本水尺断面	62015600	√	√			√			√			√			
		观测场	62051000					√	√			√					

续表 3-1

序号	站名	测验地点（断面）	测站编码	基本观测项目									辅助观测项目				
				水位	流量	单样含沙量	输沙率	降水量	蒸发量	水文调查	水质	初终霜	水温	冰情	气象	墒情	比降
20	社旗	基本水尺断面	62016000	√	√	√				√	√			√		√	√
		观测场	62052500					√								√	√
21	唐河（二）	基本水尺断面	62016200	√	√	√	√			√			√	√		√	√
		观测场	62055400					√	√			√		√		√	
22	宋家场水库	宋家场水库（坝上）	62017200	√				√	√	√	√			√			
		宋家场水库（大电站）	62017210		√												
		宋家场水库（小电站）	62017220		√		√										
		宋家场水库（左岸输水道）	62017240		√												
		宋家场水库（右岸输水道）	62017260		√												
		宋家场水库（溢洪道）	62017280		√												
		观测场	62053700					√	√	√		√				√	
23	泌阳	泌阳河上水文站基本断面处	62017400	√	√	√		√	√	√	√			√		√	√
		观测场	62054300					√	√			√				√	
24	桐河	基本水尺断面	62017600	√							√			√			
		观测场	62055300					√									
25	平氏	基本水尺断面	62017800	√	√					√				√		√	√
		观测场	62056300					√				√				√	

· 28 ·

表 3-2 河南省长江流域基本水文站巡测间测规定

编码	断面地点	断面名称	巡(间)测项目	巡(间)测要求	巡(间)测时间

表 3-3 河南省长江流域基本水文站主要测验项目要求一览表

测验项目		观测要求	辅助观测项目	备注
降水量	标准	每日 8 时定时观测 1 次,1~4 月、10~12 月按 2 段观测,暴雨时适当加测	初终霜	自记雨量计发生故障或检测时使用标准雨量器,按 24 段制观测
	自记	每日 8 时定时观测 1 次,降水之日 20 时检查 1 次,暴雨时适当增加检查次数。5~9 月按 24 段摘录		
	遥测	按有关要求定期取存数据		
陆上水面蒸发量		每日 8 时定时观测 1 次		蒸发量异常时需说明原因
水位	人工 自记	水位平稳时每日 8 时观测 1 次,洪水期或遇水情突变时必须加测,以测得完整水位变化过程为原则。闸坝水库站在闸门启闭前后和水位变化急剧时,应增加测次,以掌握水位转折变化。必须进行水位不确定度估算	1.风大时观测风向、风力、水面起伏度及流向; 2.闸门变动期间,同时观测闸门开启高度、孔数、流态及闸门是否提出水面等	每日 8 时校测自记水位记录,洪水期适当增加校测次数。定期检测各类水位计,保证正常运行
	遥测	按有关要求定期取存数据		

测验项目		观测要求	辅助观测项目	备注
流量测验		流量测验点应控制流量变化过程,满足推算逐日平均流量和各项特征值的要求,根据高、中、低各级水位情况,合理地分布于各级水位和水情变化过程的转折点处。水位流量关系稳定的站每年测次不少于15次。闸坝站测次以能满足率定分析推求泄水过程为原则	1. 每次测流的同时要观测、记录水位、天气、风向、风力及影响水位流量关系变化的有关情况; 2. 闸坝站要观测、记录闸门开启高度、孔数、流态及其变动情况; 3. 在高、中级水位测流的同时观测比降	水位级划分及测流方案见附录3
含沙量测验	单样含沙量	以控制含沙量转折变化和建立单断沙关系为原则。含沙量变化很小时,可每4~10 d取样1次。每次较大洪峰过程时,取样一般不少于4~8次。洪峰重叠或水沙峰不一致,含沙量变化剧烈时,应增加测次	水位	较大流域的测站能分辨出沙峰来源时应予以说明。如河水清澈,可改为目测,含沙量做0处理
	输沙率	根据测站级别每年输沙率测验不少于10~20次,测次分布应能控制流量和含沙量的主要转折变化,原则上每次较大洪峰不少于3~5次	单样含沙量、流量及水位等	洪水变化较快时可采用全断面混合法施测
水尺零点高程校测		每年汛期前、后各校测1次,在水尺发生变动或有可疑变动时,应随时校测。新设水尺应随测随校	水位	包括自记水位计高程标点
水准点高程测量		逢5逢0年份对基本水准点必须进行复测,校核水准点每年校测1次,发现有变动或可疑变动时,应及时复测,并查明原因		
大断面测量		每年汛前施测大断面,汛后施测过水断面,在每次洪水后应予加测。较大洪水时采用比降面积法或浮标法测流后,必须加测。固化河槽在逢5逢0年份施测1次	水位	

测验项目	观测要求	辅助观测项目	备注
测站地形测量	除设站初期施测 1 次地形外,测验河段在河道、地形、地物有明显变化时,必须进行全部或局部复测	水位	
水文调查	包括断面以上(区间)流域基本情况调查、水量调查、暴雨和洪水调查及专项水文调查		
水温观测	每日 8 时观测。冬季稳定封冻期,所测水温连续 3~5 d 皆在 0.2 ℃以下时,即可停止观测。当水面有融化迹象时,应立即恢复观测。无较长稳定封冻期不应中断观测		
冰情观测	在测验断面出现结冰现象的时期内一般每日 8 时观测 1 次。冰情变化急剧时,应适当增加测次		
墒情监测	每旬初(1 日、11 日、21 日)早 8 时观测 1 次,取土深度为地面以下 10 cm、20 cm、40 cm	旬雨量统计	旱情严重时应加密、多点观测
气象			
水质监测	按照《地表水环境质量标准》(GB 3838—2002)的要求与河南省水文水资源局下发的水质监测任务书执行	按水样送验单要求观测、填写辅助观测项目	有水质采样任务的站,要求当天取样,当天送到指定的单位
其他			

3.2　水文情报预报

(1)基本水文站报汛必须严格贯彻执行《水文情报预报规范》(SL 250—2000)、《水情信息编码》(SL 330—2011),保证拍报质量,水文站错报率不超过 1%,雨量站错报率不超过 3%。

(2)基本水文站要在综合分析近期水位流量关系的基础上,于汛前修订好报汛曲线,并用历史调查洪水做好高水部分的曲线延长,随时根据实测点修订水位流量曲线,保证相应流量的准确性。

(3)汛期与非汛期划分:长江流域当年 5 月 15 日至 10 月 1 日为汛期,当年 10 月 2 日至次年 5 月 14 日为非汛期;在 6 月 1 日 8 时报汛的同时列报 5 月下旬雨量和月雨量。

(4)降水量拍报:雨量报汛段次严格按照每年下发的报汛任务书的要求执行。

(5)水情拍报:

水情站要严格按照当年下达的报汛任务书的要求拍报。遇到洪水涨洪时要报出洪水全过程,涨水段在二级加报水位以上时,至少要报 2~3 次实测流量,以校正拍报的相应流量。

水库站凡遇大、中洪水入库时,均要拍报入库流量全过程。

当发生特大暴雨洪水,河道分洪、决口、扒堤、水库垮坝及大面积内涝时,应及时拍报特殊水情电报,并立即调查情况并上报。

(6)水文预报:大型水库和主要河道控制水文站,要积极开展水文预报。发生大洪水时,及时向当地有关部门通报水情趋势,为防汛抢险和水利调度当好参谋。

3.3　水文水资源调查

水文水资源调查是水文测验工作的重要组成部分,是收集水文资料的重要环节。基本水文站应当有计划地进行水文水资源调查,以满足水文水资源分析计算的需要。

本站负责本站基本水尺断面以上至源头或至上一个水文站基本水尺断面范围内水文水资源调查任务。

3.3.1　调查要求

(1)对测站流量有较大影响的水利设施,应逐个查清工程指标及其变化等情况,一般影响一次洪水总量或河道同期多年平均径流量达 15%~20% 时,应与有关部门配合,建立简易观测点或巡测点,达到能推算各月和全年的调节水量、引用水量的目的。

(2)对测站流量有中等影响的水利设施,应逐个查清工程指标及其变化等情况,并每年及时调查其水量,以能估算其年调节水量、引用水量为原则。一般影响洪峰流量 5% 以上的水利工程,或引入水量、引出水量占引水期间水量的 5% 以上的固定工程,需逐个测算其年调节水量、引用水量。

(3)对测站流量影响较小的水利设施,一般只统计总个数、总指标,测算总水量。小面积站上游的水利设施,其一个或几个工程的控制面积超过集水面积10%以上,或引水期的调节水量占河道同期水量10%以上时,应做较细致的调查,算清水账。水利设施的工程指标及其变化等情况,可直接引用工程管理等部门的资料,在做过普查以后,每年可只对有变动的部分做补充调查。

遇有滞洪、决口等情况时,应立即了解其发生具体位置、发生时间,并尽可能查清其水量。调查应在发生这些情况后的短时间内进行,若有困难,也应在当年把情况调查清楚。

当发生特大暴雨、洪水或特别干旱时,应进行暴雨、洪水及必要的枯水调查。

(4)注意观察水的透明度、气味、色度、悬浮物质等物理特性是否异常,是否明显污染。当发现有突发性污染事故时,应及时上报上级主管部门,并按上级要求进行监测。

(5)基本水文站水文水资源调查成果应按规范规定整理,并编写调查报告。

3.3.2 调查表填制

河南省长江流域基本水文站水文水资源调查表见表3-4。

表 3-4 河南省长江流域基本水文站水文水资源调查表

调查地点	水利设施名称	调查时间	调查项目	调查要求	备注
××县××镇××村	××水库	××年××月××日	引出水量、径流量	逐月、年总量	单位:万立方米
××县××镇××村	××提灌站	××年××月××日	抽水量	逐月、年总量	单位:立方米
⋮					

3.4 水环境生态补偿断面流量

3.4.1 省内主要河流控制断面

每周一向省级水文机构上报上周周平均流量。上报表格格式如表3-5所示。

表 3-5　河南省长江流域主要河流控制断面流量

（南阳局）××月××日

所属勘测局	序号	断面名称	流域	河名	周平均流量（m³/s）
河南省南阳水文水资源勘测局	1	梅湾	长江	唐河	×××
河南省南阳水文水资源勘测局	2	新店铺	长江	白河	×××
河南省南阳水文水资源勘测局	3	新店铺	长江	刁河	×××
河南省南阳水文水资源勘测局	4	刁河堂	长江	刁河	×××

3.4.2　省界或重要控制断面

每月 5 日前向流域机构上报上月每日平均水位和流量,并报月统计最高水位、最低水位、月平均水位、最大流量、最小流量、月平均流量和月径流量等。上报表格格式如表 3-6 所示。

表 3-6　　　年　　月全国省界断面水文水资源监测信息表

断面名称	所在河流	交界省份	位置关系	监测机构	站别	水位（m）			表内水位基面名称	冻结基面与绝对基面高差（m）	绝对基面与假定基面名称	流量（m³/s）			月径流量（亿m³）	备注
						最高	最低	平均				最大	最小	月平均		

3.5 水文资料整编

3.5.1 资料整编要求

原始资料不得损毁,禁止涂改、誊写。各种整编报表的填写要符合规范规定。

基本水文站的各项观测资料应严格执行"四随"工作制度(见附录1),及时在南方片水文资料整编 SHDP 系列版系统中录入数据并进行整编运算,要求日清月结,当月各项资料应于下月 5 日前完成在站整编,次年 1 月 5 日前完成上年度全年资料在站整编。按照南阳水文水资源勘测局测验科技术要求目录提交整编资料,并积极参加南阳水文水资源勘测局测验科组织的水文整编资料集中审查。

基本水文站应对各种原始数据进行校核,资料在站整编完成后,应写出在站整编说明书,简述测验情况、整编时发现的问题及处理意见、合理性检查情况及对资料成果的评价等。

3.5.2 资料分析

基本水文站在河床冲淤有变化的洪水过后,要进行大断面测量并分析断面冲淤变化,对突出的流量和沙量测点应进行分析。根据上、下游控制断面做水量平衡分析,对出现不平衡的现象及时查找原因。对属站降水量要进行对比分析,发现错日、错量情况及时更正。

通过资料分析掌握测站特性和各水文因素的变化规律,力求定线合理,推算方法正确,符合本站特性。

完成资料审查后,提交整编资料成果到河南省水文水资源局进行汇审。

3.5.3 整编所需提交成果资料

河南省长江流域各基本水文(位)站整编所需提交成果资料见表3-7。

表 3-7 河南省长江流域各基本水文（位）站整编所需提交成果资料

序号	站名	测站名称	测站编码	降水量、蒸发量									水位、流量、含沙量等																			
				逐日降水量表（汛期）	逐日降水量表（常年）	降水量摘录表	各时段最大降水量表(1)(2)	各时段最大降水量表	逐日水面蒸发量表	蒸发场说明表及平面图	水面蒸发量辅助项目月年统计表	降水量站说明表	逐日平均水位表	洪水水位摘录表	实测流量成果表	实测大断面成果表	堰闸流量率定成果表	逐日平均流量表	洪水水文要素摘录表	堰闸水文要素摘录表	水库水文要素摘录表	水电站、抽水站流量率定表	悬移质实测输沙率成果表	悬移质逐日平均输沙率表	悬移质逐日平均含沙量表	悬移质洪水含沙量摘录表	逐日水温表	冰厚及水情要素摘录表	冰情统计表	水文、水位站说明表	水库、堰闸站说明表	区间水利工程基本情况表
1	荆紫关(11)	荆紫关(二)	62001700										√		√	√		√					√	√	√	√		√		√		√
		荆紫关(渠)	62001701												√	√		√					√		√	√				√		
		荆紫关(合成)	62001706															√	√				√	√								
		测紫关	62027800	√	√	√	√					√																				
		西黄	62030200		√	√	√		√	√		√																				
		磨峪湾	62030400		√	√	√	√	√	√		√																				
		白沙岗	62032200		√	√						√																				
		城关	62032400	√	√	√	√	√				√																				
		安沟	62037500		√	√						√																				
		淅川	62037700		√	√						√																				
		黄庄	62038100		√	√						√																				
		仓房	62038700		√	√						√																				
2	西坪	西坪	62006200		√	√	√						√	√														√	√	√		√
		西坪	62029600		√	√	√					√	√	√														√	√	√		

· 36 ·

续表 3-7

序号	站名	测站名称	测站编码	降水量、蒸发量									水位、流量、含沙量等																				
				逐日降水量表(汛期)	逐日降水量表(常年)	降水量摘录表	各时段最大降水量表(1)	各时段最大降水量表(2)	逐日水面蒸发量表	蒸发场说明表及平面图	水面蒸发量辅助项目月年统计表	降水量站说明表	逐日平均水位表	洪水水位摘录表	实测流量成果表	实测大断面成果表	堰闸流量率定成果表	逐日平均流量表	洪水水文要素摘录表	堰闸水文要素摘录表	水库水文要素摘录表	水电站抽水站流量率定表	悬移质实测输沙率成果表	悬移质逐日平均输沙率表	悬移质逐日平均含沙量表	悬移质洪水含沙量摘录表	逐日水温表	冰厚及水情要素摘录表	水情统计表	水文站水位说明表	水库、堰闸站说明表	区间水利工程基本情况表
3	米坪	米坪(集)	62008200										√		√	√		√										√		√		√
		米坪(集)	62008201										√		√	√		√										√	√	√		
		米坪(合成)	62008206			√	√					√						√														
		米坪	62034500		√	√	√					√																				
		香山	62032800	√		√	√					√																				
		三川	62033000		√	√	√	√				√																				
		叫河	62033200		√	√	√	√				√																				
		黄坪	62033400	√		√	√	√				√																				
		朱阳关	62033600		√	√	√	√				√																				
		桑坪	62033800		√	√	√	√				√																				
		黑烟镇	62034000		√	√	√	√	√			√																				
		新庄	62034700				√					√							√													
4	西峡	西峡	62008700		√	√	√					√	√		√	√		√							√		√	√	√	√		√
		西峡(集)	62008701		√	√	√					√	√		√	√		√							√		√	√	√	√	√		
		西峡(合成)	62008706		√	√	√					√						√						√	√		√	√				
		西峡	62037300		√	√	√					√						√														
		狮子坪	62028000		√	√	√		√			√							√						√							
		里曼坪	62028200	√								√																					

续表 3-7

序号	站名	测站名称	测站编码	降水量、蒸发量									水位、流量、含沙量等																				
				逐日降水量表（汛期）	逐日降水量表（常年）	降水量摘录表	各时段最大降水量表(1)(2)	各时段最大降水量表(1)(2)	逐日水面蒸发量表	蒸发场说明表及平面图	水面蒸发量辅助项目月年统计表	降水量站说明表	逐日平均水位表	洪水位摘录表	实测流量成果表	实测大断面成果表	堰闸流量率定成果表	逐日平均流量表	洪水水文要素摘录表	堰闸水文要素摘录表	水库水文要素摘录表	水电站抽水蓄能电站水站流量率定表	悬移质实测输沙率成果表	悬移质逐日平均输沙率表	悬移质逐日平均含沙量表	悬移质洪水含沙量摘录表	逐日水温表	冰厚及冰情要素摘录表	水情统计表	水文、水位站说明表	水库、堰闸站说明表	区间水利工程基本情况表
4	西峡	瓦窑沟	62028400		√	√	√					√																					
		罗家庄	62028600	√		√	√					√																					
		方家庄	62029100		√	√	√					√																					
		黄石庵	62035100	√		√	√					√																					
		军马河	62035300	√		√	√					√																					
		太平镇	62035500		√	√	√					√																					
		二郎坪	62035700		√	√	√					√																					
		蛇尾	62035900		√	√	√					√																					
		重阳	62036300		√	√	√					√																					
		陈阳坪	62036500		√	√	√					√																					
		丁河	62036700	√		√	√					√																					
		丹水	62046700	√	√	√	√					√																					
		阳城	62046800	√	√	√	√					√																					

· 38 ·

序号	站名	测站名称	测站编码	降水量、蒸发量									水位、流量、含沙量等																				
				逐日降水量表（汛期）	逐日降水量表（常年）	降水量摘录表	各时段最大降水量表(1)	各时段最大降水量表(2)	逐日水面蒸发量表	蒸发场说明表及平面图	水面蒸发量辅助项目月年统计表	降水量站说明表	逐日平均水位表	洪水水位摘录表	实测流量成果表	实测大断面成果表	堰闸流量率定成果表	逐日平均流量表	洪水水文要素摘录表	堰闸水文要素摘录表	水库水文要素摘录表	水电站抽水站流量率定表	悬移质实测输沙率成果表	悬移质逐日平均输沙率表	悬移质逐日平均含沙量表	悬移质洪水含沙量摘录表	逐日水温表	冰厚及水情要素摘录表	冰情统计表	水文站水位站说明表	水库堰闸站说明表	区间水利工程基本情况表
5	白土岗(二)	白土岗(二)	62010800		√								√	√	√	√			√				√	√	√				√	√		√
		白河	62040500	√		√	√					√																					
		竹园	62040600		√	√	√	√				√																					
		乔端	62040700		√	√	√					√																					
		玉葬	62040800	√		√	√					√																					
		小街	62040900		√	√	√					√																					
		钟店	62041000		√	√	√					√																					
		余坪	62041200	√			√					√																					
		白土岗	62041300		√							√	√																				
6	鸭河口水库	鸭河口水库	62011000												√	√		√										√	√	√		√	√
		鸭河口水库（东干渠）	62011001												√	√																	
		鸭河口水库（左岸尾水渠）	62011002													√		√											√			√	√

续表 3-7

序号	站名	测站名称	测站编码	逐日降水量表（汛期）	逐日降水量表（常年）	降水量摘录表	各时段最大降水量表(1)	各时段最大降水量表(2)	逐日水面蒸发量表	蒸发场说明表及平面图	水面蒸发量辅助项目月年统计表	降水量站说明表	逐日平均水位表	洪水位摘录表	实测流量成果表	实测大断面成果表	堰闸流量率定表	逐日平均流量表	洪水水文要素摘录表	堰闸水文要素摘录表	水库水文要素摘录表	水电站（抽水蓄能电站）流量率定表	悬移质实测输沙率成果表	悬移质逐日平均输沙率表	悬移质逐日平均含沙量表	悬移质洪水含沙量摘录表	逐日水温表	冰厚及冰情要素摘录表	冰情统计表	水文、水位站说明表	水库、堰闸站说明表	区间水利工程基本情况表
6	鸭河口水库	鸭河口水库（右堤）	62011003												√	√		√														
		鸭河口水库（溢洪道）	62011004												√	√		√														
		鸭河口水库（出库总量）	62011006															√			√											
		鸭河口	62044300		√	√		√				√																				
		苗庄	62042100	√		√	√					√																				
		廖庄	62042400		√	√	√					√																				
		四棵树	62042500	√		√	√		√	√		√																				
		南河店	62042600	√		√	√		√	√		√																				
		下店	62042700	√		√	√					√																				
		小庄	62044200	√		√	√					√																				
		石门	62044600		√	√	√					√																				
		小周庄	62044800		√	√	√					√																				

序号	站名	测站名称	测站编码	逐日降水量表(汛期)	逐日降水量表(常年)	降水量摘录表	各时段最大降水量表(1)	各时段最大降水量表(2)	逐日水面蒸发量表	蒸发场说明表及平面图	水面蒸发量辅助项目月年统计表	降水量站说明表	逐日平均水位表	洪水水位摘录表	实测流量成果表	实测大断面成果表	堰闸流量率定成果表	逐日平均流量表	洪水水文要素摘录表	堰闸水文要素摘录表	水库水文要素摘录表	水电站抽水流量率定表	悬移质实测输沙率成果表	悬移质逐日平均输沙率表	悬移质逐日平均含沙量表	悬移质洪水含沙量摘录表	逐日水温表	冰厚及冰情要素摘录表	冰情统计表	水文、水位站说明表	水库、堰闸站说明表	区间水利工程基本情况表
7	南阳(四)	南阳(四)	62011400										√		√	√		√	√									√	√	√		√
		龙王沟	62044500		√	√	√	√				√																				
		南阳	62044900		√	√		√	√	√		√																				
		瓦店	62045000		√	√	√					√																				
		陡坡	62045100		√	√	√	√	√			√																				
		大马石眼	62045300		√	√	√	√				√																				
		常营	62049400	√		√	√	√				√																				
		下潘营	62049800	√		√	√	√				√																				
		武岗	62055000		√	√	√	√				√																				
		大路张	62057500	√		√	√	√				√																				
		忽桥	62047700	√		√	√	√				√																				
8	李青店(二)	李青店(二)	62012400										√		√	√		√	√									√	√	√		√
		焦园	62041400		√	√	√	√				√																				
		马市坪	62041500		√	√	√	√				√																				
		菜园	62041600		√	√	√	√				√																				
		李家庄	62041700	√		√		√				√																				
		羊马坪	62041800		√	√	√	√				√																				
		二道河	62041900	√		√						√																				
		李青店	62042000		√	√	√					√																				

序号	站名	测站名称	测站编码	逐日降水量表（汛期）	逐日降水量表（常年）	降水量摘录表	各时段最大降水量表(1)	各时段最大降水量表(2)	逐日水面蒸发量表	蒸发场说明表及水面平面图	水面蒸发量辅助项目月年统计表	降水量站说明表	逐日平均水位表	洪水位摘录表	实测流量成果表	实测大断面成果表	堰闸流量率定成果表	逐日平均流量表	洪水水文要素摘录表	堰闸水文要素摘录表	水库水文要素摘录表	水电站（抽水站）流量率定表	悬移质实测输沙率成果表	悬移质逐日平均输沙率表	悬移质逐日平均含沙量表	悬移质洪水含沙量摘录表	逐日水温表	冰厚及冰情要素摘录表	冰情统计表	水文（水位）站说明表	水库、堰闸站说明表	区间水利工程基本情况表
9	留山（二）	留山（二）	62012800		√								√		√	√		√	√												√		√
		留山	62043300	√		√	√																										
		斗垛	62042800		√	√		√				√																					
		上官庄	62042900	√		√		√				√																					
		下石笼	62043000	√		√		√				√																					
10	口子河	口子河	62013200									√	√		√	√		√	√											√	√		√
		郭庄	62043600	√		√		√				√																					
		云阳	62043700			√		√				√																					
		杨西庄	62043800	√		√		√				√																					
		建坪	62043900			√		√				√																					
		小店	62044000	√		√	√					√																					
		口子河	62044100	√		√	√					√	√																				
11	赵庄	赵庄	62051800			√	√					√		√																			
		赵庄	62013600		√	√							√																				
		赵庄	62045500	√		√	√																										

续表 3-7

序号	站名	测站名称	测站编码	降水量、蒸发量									水位、流量、含沙量等																			
				逐日降水量表（汛期）	逐日降水量表（常年）	降水量摘录表	各时段最大降水量表(1)	各时段最大降水量表(2)	逐日水面蒸发量表	蒸发场说明表及平面图	水面蒸发量辅助项目月年统计表	降水量站说明表	逐日平均水位表	洪水水位摘录表	实测流量成果表	实测大断面成果表	堰闸流量率定成果表	逐日平均流量表	洪水水文要素摘录表	堰闸水文要素摘录表	水库水文要素摘录表	水电站抽水站流量率定表	悬移质实测输沙率成果表	悬移质逐日平均输沙率表	悬移质逐日平均含沙量表	悬移质逐日洪含沙量摘录表	逐日水温表	冰厚及水情要素摘录表	冰情统计表	水文站水位说明表	水库（堰闸）站说明表	区间水利工程基本情况表
12	后会(二)	后会(二)	62013800										√	√																√		
		后会(二)	62046500		√	√						√																				
13	内乡(二)	内乡	62014000		√	√						√	√		√	√		√	√									√	√	√		√
		庙岗	62047000		√	√	√					√																				
		葛条爬	62037900		√	√		√				√																				
		大龙	62045700	√		√		√				√																				
		板厂	62045900		√	√		√				√																				
		雁岭街	62046000	√		√		√				√																				
		大栗坪	62046100		√	√		√				√																				
		青杠树	62046200	√		√		√				√																				
		赤眉	62046300		√	√		√				√																				
		黄营	62046600		√	√		√				√																				
		马山口	62047100	√		√		√				√																				
		王店	62047200	√		√		√				√																				
			62047300																													

·43·

续表 3-7

序号	站名	测站名称	测站编码	逐日降水量表(汛期)	逐日降水量表(常年)	降水量摘录表	各时段最大降水量表(1)	各时段最大降水量表(2)	逐日水面蒸发量表	蒸发场说明表及平面图	水面蒸发量辅助项目月年统计表	降水量说明表	逐日平均水位表	洪水水位摘录表	实测流量成果表	实测大断面成果表	堰闸流量率定成果表	逐日平均流量表	洪水水文要素摘录表	堰闸水文要素摘录表	水库水文要素摘录表	水电站抽水站流量率定表	悬移质实测输沙率成果表	悬移质逐日平均输沙率表	悬移质逐日平均含沙量表	悬移质洪水含沙量摘录表	逐日水温表	冰厚及冰情要素摘录表	冰情统计表	水文、水位站说明表	水库、堰闸站说明表	区间水利工程基本情况表
14	温滩	温滩	62014600										√		√	√		√	√				√	√	√	√	√	√	√	√		√
		温滩	62049300		√	√	√		√	√		√																				
		禳东	62050000		√	√	√	√				√																				
		构林	62051200		√	√	√	√				√																				
		大王集	62049100		√	√	√	√				√																				
		林扒	61949100		√	√	√	√				√																				
		张村	62047500		√	√	√	√				√																				
		邓州	62047600		√	√		√				√																				
		沙堰	62050400	√				√				√																				
		新野	62050500		√	√						√																				
15	枣梨树	枣梨树	62015000										√		√	√		√	√				√	√	√	√	√	√	√	√		√
		枣梨树	62048500		√	√	√					√																				
		高峰	62047900		√	√		√				√																				
		二潭	62048200	√				√				√																				
		柳树底	62048300	√				√				√																				
		杏山	62048400	√				√				√																				
		镇平	62048700		√	√		√				√																				
		卢医	62048900		√	√		√				√																				
		贾宋	62049000		√	√		√				√																				

续表 3-7

降水量、蒸发量 ｜ 水位、流量、含沙量等

序号	站名	测站名称	测站编码	逐日降水量表（汛期）	逐日降水量表（常年）	降水量摘录表	各时段最大降水量表（1）	各时段最大降水量表（2）	逐日水面蒸发量表	蒸发场说明表及平面图	水面蒸发量辅助项目月年统计表	降水量站说明表	逐日平均水位表	洪水位摘录表	实测流量成果表	实测大断面成果表	堰闸流量率定成果表	逐日平均流量表	洪水水文要素摘录表	堰闸水文要素摘录表	水库水文要素摘录表	水电站抽水站流量率定表	悬移质实测输沙率成果表	悬移质逐日平均输沙率表	悬移质逐日平均含沙量表	悬移质洪水含沙量摘录表	逐日水温表	冰厚及水情要素摘录表	水情统计表	水文水位站说明表	水库、堰闸站说明表	区间水利工程基本情况表
16	赵湾水库	赵湾水库（坝上）	62015010										✓															✓			✓	✓
		赵湾水库（东干渠）	62015011												✓	✓		✓													✓	
		赵湾水库（西干渠）	62015012												✓	✓		✓														
		赵湾水库（溢洪道）	62015014												✓	✓		✓														
		赵湾水库（出库总量）	62015016													✓		✓	✓		✓											
		赵湾	62048520										✓		✓	✓		✓	✓									✓	✓	✓		✓
17	白牛	白牛	62015100		✓	✓	✓		✓	✓		✓																				
		白牛	62049200										✓		✓	✓		✓	✓										✓	✓		
18	青华	青华	62015200		✓	✓		✓				✓																				
		青华	62050100										✓		✓	✓		✓	✓									✓	✓	✓		✓
19	半店（二）	半店（二）	62015600		✓	✓	✓	✓	✓	✓	✓	✓																				
		半店	62051000		✓	✓							✓		✓	✓		✓	✓									✓	✓	✓		✓
		邹楼	61948900	✓	✓	✓						✓																				

续表 3-7

序号	站名	测站名称	测站编码	降水量、蒸发量									水位、流量、含沙量等																				
				逐日降水量表（汛期）	逐日降水量表（常年）	降水量摘录表	各时段最大降水量表(1)	各时段最大降水量表(2)	逐日水面蒸发量表	蒸发场说明表及平面图	水面蒸发量辅助项目月年统计表	降水量站说明表	逐日平均水位表	洪水水位摘录表	实测流量成果表	实测大断面成果表	堰闸流量率定成果表	逐日平均流量表	洪水水文要素摘录表	堰闸水文要素摘录表	水库水文要素摘录表	水电站抽水站流量率定表	悬移质实测输沙率成果表	悬移质逐日平均输沙率表	悬移质逐日平均含沙量表	悬移质洪水含沙量摘录表	逐日水温表	冰厚及冰情要素摘录表	冰情统计表	水文、水位站说明表	水库、堰闸站说明表	区间水利工程基本情况表
20	社旗	社旗	62016000										√		√	√		√	√					√	√			√	√	√		√
		维摩寺	62051700		√	√		√				√																				
		罗双山	62051900		√	√		√				√																				
		平高台	62052000		√	√		√				√																				
		杨集	62052100	√			√					√																				
		方城	62052200		√	√	√					√																				
		望花亭	62052300		√	√		√				√																				
		阴陂	62052400	√			√					√																				
		社旗	62052500		√	√		√				√																				
21	唐河（二）	唐河（二）	62016200										√	√	√	√		√	√				√	√	√		√	√	√	√		√
		半坡	62052700		√	√		√				√	√		√			√					√	√	√		√	√	√	√		
		少拜寺	62054800	√		√		√				√																				
		大河屯	62054900	√				√				√																				
		唐河	62055400		√	√		√	√	√		√																				
		张马店	62056500		√	√		√				√																				
		毕店	62057000		√	√		√				√																				
		祁仪	62057100		√	√		√				√																				
		苍岗	62057200		√	√		√				√																				
		白秋	62057600		√	√		√				√																				
		湖阳	62057800		√	√		√				√																				
		苍台	62057900		√	√		√				√																				

续表 3-7

序号	站名	测站名称	测站编码	逐日降水量表（汛期）	逐日降水量表（常年）	降水量摘录表	各时段最大降水量表（1）	各时段最大降水量表（2）	逐日水面蒸发量表	蒸发场说明表平面图	水面蒸发量辅助项目月年统计表	降水量站说明表	逐日平均水位表	洪水水位摘录表	实测流量成果表	实测大断面成果表	堰闸流量率定成果表	逐日平均流量表	洪水水文要素摘录表	堰闸水文要素摘录表	水库水文要素摘录表	水电站、抽水站流量率定表	悬移质实测输沙率成果表	悬移质逐日平均输沙率表	悬移质逐日平均含沙量表	悬移质洪水含沙量摘录表	逐日水温表	冰厚及水情要素摘录表	冰情统计表	水文、水位站说明表	水库、堰闸说明表	区间水利工程基本情况表
22	宋家场水库	宋家场水库（坝上）	62017200										√																			√	√
		宋家场水库（大电站）	62017210													√		√				√										
		宋家场水库（小电站）	62017220													√		√				√										
		宋家场水库（左岸输水道）	62017240													√	√	√														
		宋家场水库（右岸输水道）	62017260													√	√	√														
		宋家场水库（溢洪道）	62017280													√	√	√														
		宋家场水库（出库总量）	62017300															√			√											
		宋家场	62053700		√	√		√		√																						
		闵庄	62053300		√	√		√	√	√																						
		羊进冲	62053400		√	√		√	√																							
		邓庄铺	62053500		√	√	√		√																							
		铜峰	62053600	√		√	√																									
		柳河	62053800	√		√	√																									

· 47 ·

续表 3-7

序号	站名	测站名称	测站编码	逐日降水量表（汛期）	逐日降水量表（常年）	降水量摘录表	各时段最大降水量表（1）	各时段最大降水量表（1）(2)	逐日水面蒸发量表	蒸发场说明表及平面图	水面蒸发量辅助项目月年统计表	降水量站说明表	逐日平均水位表	洪水水位摘录表	实测流量成果表	实测大断面成果表	堰闸流量率定成果表	逐日平均流量表	洪水水文要素摘录表	堰闸水文要素摘录表	水库水文要素摘录表	水电站抽水站流量率定表	悬移质实测输沙率成果表	悬移质逐日平均输沙率表	悬移质逐日平均含沙量表	悬移质洪水含沙量摘录表	逐日水温表	冰厚及冰情要素摘录表	水情统计表	水文、水位站说明表	水库、堰闸站说明表	区间水利工程基本情况表
23	泌阳	泌阳	62017400										√		√	√		√	√					√							√		√
		华山	62052800		√	√		√																									
		王店	62053900		√	√		√																									
		马谷田	62054000	√	√	√		√																									
		高庄	62054200	√	√	√		√																									
		二铺	62054100	√	√	√		√																									
		官庄	62054700			√		√																									
		泌阳	62054300						√	√		√	√																				
24	桐河	桐河	62017600			√	√							√																			
		桐河	62055300		√	√		√					√		√	√		√	√											√		
25	平氏	平氏	62017800			√								√		√	√		√	√								√	√	√	√		√
		新城	62055500		√	√		√				√																		√			
		吴井	62055700		√	√		√				√																		√			
		鸿仪河	62056100		√	√	√					√																		√			
		二郎山	62056200		√	√						√																		√			
		平氏	62056300			√		√				√																		√			
		安棚	62056900	√		√		√				√																					

3.5.4　资料的整汇编、刊印

提交的所有水文资料成果,经河南省水文水资源局组织人员进行资料的汇审、流域机构的汇编、水利部水文部门组织的终审后,刊印《中华人民共和国水文年鉴》成册。

3.5.5　资料保存

水文资料是国家重要的基础信息资源,要注意防火、防盗,保持整洁。水文资料要按照档案标准存放在资料柜内,指定专人妥善保管,防止丢失。未经审查的水文资料不得向社会发布。

3.6　测报设施管理和养护及安全生产

测报设施是保障安全、提高测洪能力和精度、提高测报成果质量的重要设施,测站必须精心养护,发现问题及时维修,并将检查处理情况做好记录。

3.6.1　钢丝绳的养护

(1)钢丝绳每年擦油1~2次,防止生锈,对重点受力部位加强检修。

(2)对钢丝绳与锚碇接头部分涂黄油保养,并经常检查。

3.6.2　支架、锚碇的养护

(1)为保持支架直立、结构不变形,保持平衡,支架各方向的拉力应均衡,每年应全面检查、调整2~3次,大洪水期应检查1~2次。

(2)钢支架每隔1~2年进行除锈、油漆养护,除锈后先涂防锈漆,再涂油漆;避雷接地电阻应经常校测。

(3)汛前及洪水过后要认真检查支架基础有无沉陷、位移,连接螺栓是否有松动,混凝土基础有无裂缝等。若不符合要求,应及时检修。

(4)每月检查锚碇有无位移,锚碇附近土壤有无裂纹、崩塌、沉陷等现象,夹头是否松动,锚杆是否生锈。若发现问题,应及时处理。

3.6.3　驱动设备的养护

(1)动力设备:

变压器,按供电部门规定,隔一定年限更换变压器油。

柴油机及发电机组,按使用说明书规定进行技术保养。

经常检查电动机发热情况,温升超过 60 ℃时,应采取降温措施,电动机应接地,发现电动机异常时,应停车检查原因,设法排除。

(2)绞车:经常保持绞车轴承、转动部件油润,每年汛前应全面检查一次,保证正常工作状态。

(3)滑轮:经常检查导向滑轮、游轮、行车等运转情况,发现不正常时应及时检修。不允许钢丝绳在滑轮上滑动、擦边、跳槽,若有上述问题,应采取措施及时排除。保持滑轮油润,运行时注意随时监视各滑轮运转情况。

(4)水文缆道每年要进行起点距、水深比测 1~2 次并保存好记录。

3.6.4 仪器、仪表的养护

(1)各种仪器、仪表按说明书使用、养护,应保持附件的齐全;流速仪应及时鉴定并保管好鉴定证书。

(2)各种仪器、仪表应放在干燥、通风、清洁和不受腐蚀气体侵蚀的地方。

(3)主要电子、电器仪表应设有接地装置,防止雷电感应短路烧坏仪表。

3.6.5 测船的养护

(1)每日观察测船设施有无毁损,平时每 5 天擦洗一次,汛期每天擦洗一次,发现问题及时排除,保证测流的顺利进行。

(2)木船每年小修一次,5 年大修一次;钢板船 1~2 年检修一次。

(3)机动船平时每 5 天启动一次,保持机械部件油润,汛期保证随时能启动运行测流。

3.6.6 桥测车的养护

除按机动车日常管理、养护外,还应注意:

(1)司机应爱护车辆,经常擦洗机件,保持机件润滑、清洁。

(2)桥测车每月发动 2~3 次,检查机件、电路等所有部件的性能,发现问题时,应及时检修排除,以保证测流时能随时启动、运行。

3.6.7 遥测设备管理与养护

(1)自记井发生淤积时应及时清淤处理。

(2)传感器应经常检查,保持内部干净。

(3)终端机、馈线、天线、太阳能电池板及蓄电瓶等设备应经常检修、维护。太阳能电池板应每月清洗一次。

(4)备品、备件要有专人管理养护。

3.6.8 通信线路的养护

通信线路要不定期进行检查,发现问题及时向电信部门及上级汇报,做好线路的抢修工作,确保线路畅通。

3.6.9 安全生产

加强生产安全管理。配置救生衣、安全斧、救生锤、破坏钳等必要的安全生产设施。水上作业时必须穿戴救生衣,桥测时应放置警示标识,保证人身安全。缆道、测船等作业时严格按照规程进行操作,严禁违章操作,避免意外发生。办公楼配备防盗防火设施,做好防火、防盗、防雷击和安全用电工作,杜绝各类事故发生。

河南省长江流域基本水文站于每年年初向河南省南阳水文水资源勘测局编报测报设施维修养护经费计划,由河南省南阳水文水资源勘测局汇总,报河南省水文水资源局审定安排。河南省长江流域基本水文站应按下达的维修养护任务保质保量完成测报设施维修养护。

3.7 属站管理

河南省长江流域基本水文站对属站负有领导责任,积极主动指导属站进行项目观测、资料整理等工作,做到汛前有布置,汛期有检查,汛后有总结,遇到特殊情况及时处理。对属站所有仪器设备做好维护管理工作。

3.8 业务学习

河南省长江流域基本水文站应每周组织本站职工学习如表3-8所示技术规范和其他新技术操作等。

表 3-8　基本水文站职工学习技术规范一览表

序号	规范	学习时间
1	《水文缆道测验规范》(SL 443—2009)	
2	《水文测船测验规范(附条文说明)》(SL 338—2006)	
3	《水位观测平台技术标准》(SL 384—2007)	
4	《水工建筑物与堰槽测流规范》(SL 537—2011)	
5	《声学多普勒流量测验规范(附条文说明)》(SL 337—2006)	
6	《水位观测》(GB/T 50138—2010)	
7	《降水量观测规范》(SL 21—2015)	
8	《河流悬移质泥沙测验规范》(GB/T 50159—2015)	
9	《河流流量测验规范》(GB 50179—2015)	
10	《水文巡测规范》(SL 195—2015)	周一上午或
11	《翻斗式雨量计》(JJG(水利) 005—2017)	周二下午
12	《水面蒸发观测规范》(SL 630—2013)	
13	《水文资料整编规范》(SL/T 247—2020)	
14	《水文数据整理汇编标准》(DB41/T 1599—2018)	
15	《土壤墒情监测规范》(SL 364—2015)	
16	《水文测量规范》(SL 58—2014)	
17	《水文调查规范》(SL 196—2015)	
18	《水文基本术语和符号标准》(GB/T 50095—2014)	
19	《水文仪器术语和符号》(GB/T 19677—2005)	
20	《河流冰情观测规范》(SL 59—2015)	

第 4 章　水文现状及存在问题

河南水文行业经过 60 多年的发展,水文测验和水情信息报送能力都有较大的提高,但水文监测能力改进不大,现状和问题主要表现在以下几个方面。

(1)水文测验自动化程度不高、不全面。水文测验基本还是以驻测为主,大部分测验手段还是手工和半自动化,完全自动化的测验很少,如降水量测验基本实现了自动化,但仪器的故障率较高,产品质量有待进一步提升。水位测验大多数水文站设立了自记水位计,如有浮子式自记水位计、雷达式自记水位计、气泡式自记水位计等,但也都存在一定的问题。例如,全量程的测验不能完全进行施测,因受河道冲刷下切影响低水时无法施测;气泡式自记水位计受动水影响有误差;雷达式自记水位计受降雨影响,降雨时数据不准等。流量测验大部分为缆道流速仪测流,测洪质量一直受漂浮物影响,其自动化能力基本以半自动化为主。蒸发观测基本没有自动化设施投入。

(2)水文巡测能力不足。自 20 世纪 80 年代开始成立水文勘测队以来,受水文测验装备条件及技术水平的限制,一直基本上采用常规仪器与传统手段开展水文巡测。受水文测验相关规范要求水位流量关系线定线需要流量测次连续性和时效性的影响,河南省长江流域片区水文勘测队两次设立和取消。目前,已经设立为县级测区水文局,基本以驻测为主,巡测为辅。

(3)水位流量关系单值化理论不完善。极个别水文站单值化程度较好,大部分水文站受多种因素影响单值化程度不理想。流量资料需要一定数量的测次才能满足水位流量关系线的定线要求。

(4)水文资料整编方法目前以在站整编和河南省南阳水文水资源勘测局指导审查为主,与社会经济活动应用水资源资料要求的时效性还有差距。

(5)基本水文站网存在一些不足,个别较大河流还没有水文站控制,部分观测项目有重复,不能满足社会经济发展的需要。

(6)随着我国社会经济的快速发展,对水资源需求的快速增加,已经新增设了一些水文网点,新增设的水文网点也将纳入正规的水文工作管理,然而目前现有的水文管理人员和管理体制均不能满足驻测水文站的需求。采用巡测模式、提高水文测验效率是今后水文工作的主要方法,对河南省长江流域基本水文站点规划建设是近阶段的当务之急。

第5章 水文近远期规划研究

根据目前经济社会发展趋势,水文行业也要跟上时代的发展,对近远期建设目标进行规划。近期以 2025 年为发展完成目标,2035 年为远期发展目标。

(1)行业的发展离不开人才队伍建设,水文行业现代化同样离不开高素质的人才队伍、自动化仪器设备的应用和现代化高水平的管理。水文行业更好地服务于社会需要有高素质的专业技术人才和综合性管理人才。

(2)到 2025 年,一类站基本实现自动化,水位、流量、降水量、蒸发量、水温、墒情等水文测验项目实现在线自动化测验和记载,以驻测为主,巡测为辅;二类、三类站无人驻测,水位、流量、降水量、蒸发量、墒情等水文测验项目基本实现自动化测验和记载,数据信息实现网络传输,部分流量测验施行巡测,含沙量测验施行巡测。资料整编施行在线整编。

(3)新时代和发展趋势需要对当前水文站网进行分析研究和优化,根据发展需要对部分观测项目增减,水文站还有待增密布设。

(4)到 2035 年,一类、二类和三类水文站均实现无人值守,水文测验项目水位、流量、降水量、蒸发量、含沙量、水温、墒情等全部实现在线自动化测验和记载,应用声波、光、电等先进技术,突破流量、泥沙等水文要素在线自动监测的技术难题,全面实现水文要素自动监测,最大限度地将基层水文测站人员解放出来;信息采集立体化,加大遥感遥测、视频监控等技术在水文监测中的应用力度,改变水文信息采集主要依靠地面水文站网的单一格局,构建空天地一体化的立体水文监测体系;数据处理智能化,应用大数据、云计算、人工智能等技术,建立统一的集水文业务管理、水文数据处理为一体的水文业务系统,提高预测预报、分析评价等工作的智能化水平。水文资料整编施行在线整编,在线审查。特殊专用站有特殊要求的水文测验根据需要采用驻测、巡测和在线测验方式。

随着自动化水平的提高,将有更加科学和更加高效的工作管理机制与河南省长江流域基本水文(位)站的工作相适应。

附　录

附录 1　"四随"工作制度

基本水文站"四随"工作制度见附表 1。

附表 1　基本水文站"四随"工作制度

四随	降水量	水位	流量	含沙量
随测算	（1）准时量记，当场自校。 （2）自记站要按时检查，每日 8 时换纸，无雨不换纸要加水，有雨时注意量记虹吸水量。 （3）检查记载规格符号是否正确、齐全。 （4）每日 8 时计算日雨量、蒸发量，旬、月初计算旬、月雨量	（1）准时测记水位及附属项目，当场自校。 （2）自记水位每日 8 时须校测、检查。有其他特殊要求的须增加检测或检查次数。 （3）日平均水位次日计算完毕。 （4）水准测量当场计算高差，当日计算成果并校核	（1）附属观测项目及备注说明当场填记齐全。 （2）闸坝站应现场测记有关水力要素。 （3）按要求及时测记流量，随测随算，及时上机校核	（1）单样含沙量及输沙率测量后，编号与瓶号、滤纸要校核，并填入单沙记载本中，各栏填记齐全。 （2）水样处理当日进行（如加沉淀剂，自动滤沙）。 （3）水样烘干称重后立即计算
随拍报	（1）4 月 2 日至 11 月 1 日期间河南省统一采用自动遥测站雨量信息，11 月 2 日至次年 4 月 1 日仍进行人工拍报雨情信息。 （2）密切监视本辖区内雨情变化，发现雨量站点 1 小时降雨量超过 50 mm 或单日累计降雨量 100 mm 以上时，要及时报当地县防办和勘测局水情科	（1）严格按照当年下达的防汛抗旱拍报任务通知的要求拍报。有涨水过程时必须加报起涨水情和洪峰流量，及时出洪水全过程。 （2）当洪水上涨超过各级加报标准时，必须立即拍报水情 1 次，然后按规定段次发报；上次发报后洪水涨幅已超过 1 m 的，也要及时加报 1 次；出现洪峰时要立即拍报。 （3）河道站三级加报涨水段全部为 24 段次，落水段为 12~24 段次；水库站一级起报水位以上、二级加报水位（汛限水位）以上要至少按照 1 日 4 段次拍报，二级加报水位（汛限水位）以上的涨水段全部按照 24 段次拍报，落水段按照 12~24 段次拍报。闸门变动随时拍报。 （4）当发生特大暴雨洪水，河道分洪、决口、扒堤、水库垮坝及大面积内涝时，应及时拍报特殊水情电报，并立即调查情况并上报	（1）要在综合分析近期水位流量关系（水库站：输水设备泄流曲线）的基础上，于汛前修订好报汛曲线，并用历史调查洪水做好高水部分的曲线延长；汛期随时根据实测点修订水位流量曲线，保证相应流量的准确性。 （2）有拍报旬、月平均流量的河道、闸坝站断流或无出流量时也要拍报旬、月平均流量。 （3）河道站：根据洪水大小，在二级加报水位以上至少要报出 1~3 次实测流量，以校正拍报的相应流量；水库站：大型水库凡遇洪水入库时，均要拍报入库流量全过程	

四随	降水量	水位	流量	含沙量
随整理	（1）日、旬、月雨量在发报前要计算、校核一遍。 （2）自记站当日完成订正、摘录、计算、复核。 （3）月初 3 日内原始资料完成"三遍手"，并进行月统计	（1）日平均水位次日校核完毕。 （2）自记水位 8 时换纸后摘录订正上一日水位，计算日平均值，并校核。 （3）月初 3 日内复核原始资料。 （4）水准测量次日复核完毕	（1）单次流量资料测算后即完成校核，当月完成复核。 （2）较大洪峰（1 500 m³/s）或较高水位过后 3 日内，报出测洪小结	单样含沙量、输沙率计算后当日校核，当月复核
随分析	（1）属站雨量资料到齐后列表对比检查雨型、雨量。 （2）主要暴雨绘各站暴雨累积曲线，并对比检查。 （3）发现问题及时处理	（1）应随测随点绘逐时水位过程线，并进行检查。 （2）日平均水位在逐时水位过程线上画横线检查。 （3）山区站及测沙站应画降雨柱状图，检查时间是否相应。 （4）发现问题及时处理	（1）洪水期流量测验要做点流速、垂线流速、水深测量的正确性及垂线布设合理性检查。 （2）点绘水位流量关系线并检查偏离程度。水库闸坝站应点绘在系数曲线上检查。 （3）测次点在水位逐时过程线上，检查测次分布。 （4）发现问题，检查原因，确定改正、重测或舍弃，并写出分析说明	（1）取样后将测次点在逐时水位过程线上（可用不同颜色），检查测次控制合理性。 （2）沙量称重计算后点绘单样含沙量过程线，发现问题立即复烘、复秤。 （3）检查单断沙关系及含沙量横向分布。 （4）发现问题及时处理

附录 2　使用水尺水位观测段次要求和不确定度估算

（1）使用水尺水位观测段次要求见附表 2。

附表 2　使用水尺水位观测段次要求

段次要求	二段	四段	八段	备注
日变化（m）	<0.12	0.12~0.24	>0.24	峰顶附近或水位转折变化处加密观测
水位级（m）				

（2）水尺观测的不确定度估算见附表 3。

附表 3　水尺观测的不确定度估算

波浪变幅（cm）	≤2	3~30	≥31
波浪级别	无波浪	一般波浪	较大波浪
随机不确定度 XZ′			
综合不确定度 XZ			
备注	每年在无波浪、一般波浪或较大波浪情况下，且水位基本无变化的 5~10 min 内连续观读水尺 30 次以上进行计算		

附录3 基本水文站测流方案

1.荆紫关(二)水文站

(1)水位级划分见附表4。

附表4 水位级划分   （单位:m）

水位级	高水	中水	低水	枯水
	212.00 以上	211.00~212.00	210.00~211.00	210.00 以下
备注				

(2)允许总随机不确定度 X'_Q 与已定系统误差 U_Q 见附表5。

附表5 允许总随机不确定度 X'_Q 与已定系统误差 U_Q

水位级	高水	中水	低水	枯水
X'_Q	5	6	9	
U_Q	−2~1	−2~1	−2~1	

(3)常用测流方案见附表6。

附表6 常用测流方案

水位级(m)	测流方案 (m,p,t)	最少垂线数 m (方案下限)	备注
高水 212.00 以上	1)20 1 60 2)15 1 100 3)15 1 30	11	方案的优先级按先后顺序进行排列,故优选排列在前的方案。 m 为垂线数; p 为垂线测点数; t 为历时,s
中水 211.00~212.00	1)15 2 60 2)15 1 100 3)15 1 60	8	
低水 210.00~211.00	1)15 1 100 2)15 1 60		
荆紫关(渠)测流方案	1)7 2 100 2)9 1 100 3)7 1 60	5	

2. 西坪水文站

（1）水位级划分见附表7。

附表7　水位级划分　　　　　　　　　　　　　　（单位：m）

水位级	高水	中水	低水	枯水
	93.00以上	92.50~93.00	92.00~92.50	92.00以下
备注				

（2）允许总随机不确定度 X'_Q 与已定系统误差 U_Q 见附表8。

附表8　允许总随机不确定度 X'_Q 与已定系统误差 U_Q

水位级	高水	中水	低水	枯水
X'_Q	6	7	10	
U_Q	−2~1	−2~1	−2~1	

（3）常用测流方案见附表9。

附表9　常用测流方案

水位级(m)	测流方案 (m,p,t)	最少垂线数 m （方案下限）	备注
高水 93.00以上	1）10　1　100 2）10　1　60 3）10　1　30	8	方案的优先级按先后顺序进行排列，故优选排列在前的方案。
中水 92.50~93.00	1）10　1　100 2）10　1　60 3）10　1　30	6	m 为垂线数； p 为垂线测点数；
低水 92.00~92.50	1）15　1　100 2）15　1　60	6	t 为历时，s

3. 米坪水文站

（1）水位级划分见附表10。

附表10　水位级划分　　　　　　　　　　　　　（单位：m）

水位级	高水	中水	低水	枯水
	4.00以上	3.00~4.00	2.50~3.00	2.50以下
备注				

（2）允许总随机不确定度 X'_Q 与已定系统误差 U_Q 见附表 11。

附表 11　允许总随机不确定度 X'_Q 与已定系统误差 U_Q

水位级	高水	中水	低水	枯水
X'_Q	6	7	10	
U_Q	$-2\sim1$	$-2\sim1$	$-2\sim1$	

（3）常用测流方案见附表 12。

附表 12　常用测流方案

水位级（m）	测流方案 (m,p,t)	最少垂线数 m （方案下限）	备注
高水 4.00 以上	1）10　1　100 2）10　1　60 3）10　1　30	8	方案的优先级按先后顺序进行排列，故优选排列在前的方案。 m 为垂线数； p 为垂线测点数； t 为历时，s
中水 3.00~4.00	1）10　1　100 2）10　1　60 3）10　1　30	6	
低水 2.50~3.00	1）15　1　100 2）15　1　60	6	

4. 西峡水文站

（1）水位级划分见附表 13。

附表 13　水位级划分　　　　　　　　　　（单位：m）

水位级	高水	中水	低水	枯水
	75.50 以上	74.00~75.50	73.50~74.00	73.50 以下
备注				

（2）允许总随机不确定度 X'_Q 与已定系统误差 U_Q 见附表 14。

附表 14　允许总随机不确定度 X'_Q 与已定系统误差 U_Q

水位级	高水	中水	低水	枯水
X'_Q	5	6	9	
U_Q	$-2\sim1$	$-2\sim1$	$-2\sim1$	

（3）常用测流方案见附表15。

附表15　常用测流方案

水位级(m)	测流方案 (m,p,t)	最少垂线数 m （方案下限）	备注
高水 75.50 以上	1) 15　1　100 2) 15　1　60 3) 15　1　30	9	方案的优先级按先后顺序进行排列，故优选排列在前的方案。 　m 为垂线数； 　p 为垂线测点数； 　t 为历时，s
中水 74.00～ 75.50	1) 15　2　60 2) 15　1　100 3) 15　1　60	8	
低水 73.50～ 74.00	1) 15　2　100 2) 15　1　100	6	

5. 白土岗(二)水文站

（1）水位级划分见附表16。

附表16　水位级划分　　　　　　　　　（单位：m）

水位级	高水	中水	低水	枯水
	180.00 以上	178.50～180.00	178.00～178.50	178.00 以下
备注				

（2）允许总随机不确定度 X'_Q 与已定系统误差 U_Q 见附表17。

附表17　允许总随机不确定度 X'_Q 与已定系统误差 U_Q

水位级	高水	中水	低水	枯水
X'_Q	6	6	7	
U_Q	−2～1	−2～1	−2～1	

（3）常用测流方案见附表18。

6. 鸭河口水库水文站

（1）水位级划分见附表19。

附表 18　常用测流方案

水位级(m)	测流方案 (m, p, t)	最少垂线数 m (方案下限)	备注
高水 180.00 以上	1) 20　1　60 2) 15　1　100 3) 15　1　30	8	方案的优先级按先后顺序进行排列，故优选排列在前的方案。 m 为垂线数； p 为垂线测点数； t 为历时，s
中水 178.50~ 180.00	1) 15　2　60 2) 15　1　100 3) 15　1　60	8	
低水 178.00~ 178.50	1) 15　1　100 2) 15　1　60	6	

附表 19　水位级划分　　　　　　　　　　　（单位：m）

水位级	校核水位	设计水位	兴利水位	死水位
	181.50	179.84	177.00	160.00
备注				

（2）常用测流方案。

渠道、溢洪道常用测流方案见附表 20。

附表 20　渠道、溢洪道常用测流方案

位置	测流方案 (m, p, t)	最少垂线数 m (方案下限)	备注
左岸尾水渠	1) 10　2　100 2) 10　1　100 3) 10　1　60	6	方案的优先级按先后顺序进行排列，故优选排列在前的方案。 m 为垂线数； p 为垂线测点数； t 为历时
右渠	1) 10　2　100 2) 10　1　100 3) 10　1　60	6	
东干渠	1) 10　2　100 2) 10　1　100 3) 10　1　60	6	
溢洪道	1) 15　1　100 2) 15　1　60 3) 15　1　30	11	

7. 南阳(四)水文站

(1)水位级划分见附表 21。

附表 21　水位级划分

(单位:m)

水位级	高水	中水	低水	枯水
	110.50 以上	110.00~110.50	109.50~110.00	109.50 以下
备注				

(2)允许总随机不确定度 X'_Q 与已定系统误差 U_Q 见附表 22。

附表 22　允许总随机不确定度 X'_Q 与已定系统误差 U_Q

水位级	高水	中水	低水	枯水
X'_Q	6	7	10	
U_Q	−2~1	−2~1	−2~1	

(3)常用测流方案见附表 23。

附表 23　常用测流方案

水位级(m)	测流方案 (m,p,t)	最少垂线数 m (方案下限)	备注
高水 110.50 以上	1)20　1　60 2)15　1　100 3)15　1　30	11	方案的优先级按先后顺序进行排列,故优选排列在前的方案。
中水 110.00~110.50	1)20　2　60 2)15　1　100 3)10　2　60	9	m 为垂线数; p 为垂线测点数;
低水 109.50~110.00	1)15　1　100 2)15　1　60	6	t 为历时,s

8. 李青店(二)水文站

(1)水位级划分见附表 24。

附表 24　水位级划分

(单位:m)

水位级	高水	中水	低水	枯水
	198.50 以上	198.00~198.50	197.50~198.00	197.50 以下
备注				

（2）允许总随机不确定度 X'_Q 与已定系统误差 U_Q 见附表25。

附表25　允许总随机不确定度 X'_Q 与已定系统误差 U_Q

水位级	高水	中水	低水	枯水
X'_Q	6	7	10	
U_Q	$-2\sim1$	$-2\sim1$	$-2\sim1$	

（3）常用测流方案见附表26。

附表26　常用测流方案

水位级（m）	测流方案 （m,p,t）	最少垂线数 m （方案下限）	备注
高水 198.50 以上	1) 15　1　100 2) 15　1　60 3) 15　1　30	6	方案的优先级按先后顺序进行排列,故优选排列在前的方案。 m 为垂线数; p 为垂线测点数; t 为历时,s
中水 198.00～198.50	1) 15　2　60 2) 15　1　100 3) 15　1　60	8	
低水 197.50～198.00	1) 15　1　100 2) 15　1　60	6	

9. 留山(二)水文站

（1）水位级划分见附表27。

附表27　水位级划分　（单位:m）

水位级	高水	中水	低水	枯水
	210.80 以上	210.00～210.80	209.60～210.00	209.60 以下
备注				

（2）允许总随机不确定度 X'_Q 与已定系统误差 U_Q 见附表28。

附表28　允许总随机不确定度 X'_Q 与已定系统误差 U_Q

水位级	高水	中水	低水	枯水
X'_Q	8	10	12	
U_Q	$-2.5\sim1$	$-2.5\sim1$	$-2.5\sim1$	

（3）常用测流方案见附表29。

附表29　常用测流方案

水位级(m)	测流方案 (m,p,t)	最少垂线数 m （方案下限）	备注
高水 210.80 以上	1）10　1　100 2）10　1　60 3）10　1　30	6	方案的优先级按先后顺序进行排列,故优选排列在前的方案。 m 为垂线数; p 为垂线测点数; t 为历时,s
中水 210.00~ 210.80	1）10　1　100 2）10　1　60 3）10　1　30	6	
低水 209.60~ 210.00	1）10　1　100 2）10　1　60 3）10　1　30	6	

10. 口子河水文站

（1）水位级划分见附表30。

附表30　水位级划分　　　　　　　　　　（单位:m）

水位级	高水	中水	低水	枯水
	92.00 以上	91.50~92.00	91.00~91.50	91.00 以下
备注				

（2）允许总随机不确定度 X'_Q 与已定系统误差 U_Q 见附表31。

附表31　允许总随机不确定度 X'_Q 与已定系统误差 U_Q

水位级	高水	中水	低水	枯水
X'_Q	8	10	12	
U_Q	-2.5~1	-2.5~1	-2.5~1	

（3）常用测流方案见附表32。

附表 32　常用测流方案

水位级(m)	测流方案 (m,p,t)	最少垂线数 m (方案下限)	备注
高水 92.00 以上	1)10　1　100 2)10　1　60 3)10　1　30	8	方案的优先级按先后顺序进行排列,故优选排列在前的方案。 m 为垂线数; p 为垂线测点数; t 为历时,s
中水 91.50~ 92.00	1)10　1　100 2)10　1　60 3)10　1　30	8	
低水 91.00~ 91.50	1)10　1　100 2)10　1　60	6	

11. 内乡(二)水文站

(1)水位级划分见附表 33。

附表 33　水位级划分　　　　　　　　　　(单位:m)

水位级	高水	中水	低水	枯水
	96.00 以上	95.00~96.00	94.50~95.00	94.50 以下
备注				

(2)允许总随机不确定度 X'_Q 与已定系统误差 U_Q 见附表 34。

附表 34　允许总随机不确定度 X'_Q 与已定系统误差 U_Q

水位级	高水	中水	低水	枯水
X'_Q	6	7	10	
U_Q	−2~1	−2~1	−2~1	

(3)常用测流方案见附表 35。

水位级(m)	测流方案 (m,p,t)	最少垂线数 m (方案下限)	备注
高水 96.00 以上	1) 20　1　60 2) 15　1　100 3) 15　1　60	11	方案的优先级按先后顺序进行排列,故优选排列在前的方案。 m 为垂线数; p 为垂线测点数; t 为历时,s
中水 95.00~96.00	1) 15　2　60 2) 15　1　100 3) 15　1　60	8	
低水 94.50~95.00	1) 15　1　100 2) 15　1　60	6	

12. 滠滩水文站

(1) 水位级划分见附表36。

附表 36　水位级划分　　　　　　　　　　(单位:m)

水位级	高水	中水	低水	枯水
	93.50 以上	92.50~93.50	92.00~92.50	92.00 以下
备注				

(2) 允许总随机不确定度 X'_Q 与已定系统误差 U_Q 见附表37。

附表 37　允许总随机不确定度 X'_Q 与已定系统误差 U_Q

水位级	高水	中水	低水	枯水
X'_Q	5	6	9	
U_Q	−2~1	−2~1	−2~1	

(3) 常用测流方案见附表38。

附表38　常用测流方案

水位级(m)	测流方案 (m,p,t)	最少垂线数 m (方案下限)	备注
高水 93.50 以上	1) 15　2　60 2) 15　1　100 3) 15　1　60	11	方案的优先级按先后顺序进行排列,故优选排列在前的方案。 m 为垂线数; p 为垂线测点数; t 为历时,s
中水 92.50～93.50	1) 15　2　100 2) 15　1　100 3) 15　1　60	8	
低水 92.00～92.50	1) 15　2　100 2) 15　1　100	6	

13. 棠梨树水文站

(1) 水位级划分见附表39。

附表39　水位级划分　　　　　　　　　　　(单位:m)

水位级	高水	中水	低水	枯水
	224.00 以上	223.50～224.00	223.00～223.50	223.00 以下
备注				

(2) 允许总随机不确定度 X'_Q 与已定系统误差 U_Q 见附表40。

附表40　允许总随机不确定度 X'_Q 与已定系统误差 U_Q

水位级	高水	中水	低水	枯水
X'_Q	8	10	12	
U_Q	−2.5～1	−2.5～1	−2.5～1	

(3) 常用测流方案见附表41。

水位级(m)	测流方案 (m,p,t)	最少垂线数 m (方案下限)	备注
高水 224.00 以上	1) 10　1　100 2) 10　1　60 3) 10　1　30	9	方案的优先级按先后顺序进行排列,故优选排列在前的方案。 m 为垂线数; p 为垂线测点数; t 为历时,s
中水 223.50~ 224.00	1) 10　1　100 2) 10　1　60 3) 10　1　30	8	
低水 223.00~ 223.50	1) 8　1　100 2) 8　1　60	6	

14. 赵湾水库水文站

(1) 水位级划分见附表 42。

附表 42　水位级划分　　　　　　　　　　(单位:m)

水位级	校核水位	设计水位	兴利水位	死水位
	225.53	222.39	219.5	208.00
备注				

(2) 常用测流方案。

渠道、溢洪道常用测流方案见附表 43。

附表 43　渠道、溢洪道常用测流方案

测流位置	测流方案 (m,p,t)	最少垂线数 m (方案下限)	备注
溢洪道	1) 10　2　60 2) 10　1　100 3) 10　1　60	6	方案的优先级按先后顺序进行排列,故优选排列在前的方案。 m 为垂线数; p 为垂线测点数; t 为历时,s
东干渠、西干渠	1) 10　2　100 2) 10　1　100 3) 10　1　60	5	

15. 白牛水文站

(1)水位级划分见附表44。

附表44　水位级划分　　　　　　　　　　（单位:m）

水位级	高水	中水	低水	枯水
	107.00 以上	106.00~107.00	105.00~106.00	105.00 以下
备注				

(2)允许总随机不确定度 X'_Q 与已定系统误差 U_Q 见附表45。

附表45　允许总随机不确定度 X'_Q 与已定系统误差 U_Q

水位级	高水	中水	低水	枯水
X'_Q	8	10	12	
U_Q	−2.5~1	−2.5~1	−2.5~1	

(3)常用测流方案见附表46。

附表46　常用测流方案

水位级(m)	测流方案 (m,p,t)	最少垂线数 m （方案下限）	备注
高水 107.00 以上	1)10　1　100 2)10　1　60 3)10　1　30	8	方案的优先级按先后顺序进行排列,故优选排列在前的方案。
中水 106.00~107.00	1)10　1　100 2)10　1　60 3)10　1　30	6	m 为垂线数; p 为垂线测点数; t 为历时,s
低水 105.00~106.00	1)8　1　60 2)8　1　30	6	

16. 青华水文站

(1)水位级划分见附表47。

附表47　水位级划分　　　　　　　　　　（单位:m）

水位级	高水	中水	低水	枯水
	119.50 以上	119.00~119.50	118.70~119.00	118.70 以下
备注				

（2）允许总随机不确定度 X'_Q 与已定系统误差 U_Q 见附表48。

附表48　允许总随机不确定度 X'_Q 与已定系统误差 U_Q

水位级	高水	中水	低水	枯水
X'_Q	8	10	12	
U_Q	$-2.5 \sim 1$	$-2.5 \sim 1$	$-2.5 \sim 1$	

（3）常用测流方案见附表49。

附表49　常用测流方案

水位级（m）	测流方案 （m, p, t）	最少垂线数 m （方案下限）	备注
高水 119.50 以上	1）10　1　100 2）10　1　60 3）10　1　30	6	方案的优先级按先后顺序进行排列,故优选排列在前的方案。 m 为垂线数; p 为垂线测点数; t 为历时,s
中水 119.00～ 119.50	1）10　1　100 2）10　1　60 3）10　1　30	6	
低水 118.70～ 119.00	1）8　1　100 2）8　1　60 3）8　1　30	6	

17. 半店（二）水文站

（1）水位级划分见附表50。

附表50　水位级划分　　　　　　（单位:m）

水位级	高水	中水	低水	枯水
	122.00 以上	120.50～122.00	120.00～120.50	120.00 以下
备注				

（2）允许总随机不确定度 X'_Q 与已定系统误差 U_Q 见附表51。

水位级	高水	中水	低水	枯水
X'_Q	8	10	12	
U_Q	-2.5~1	-2.5~1	-2.5~1	

（3）常用测流方案见附表52。

附表 52　常用测流方案

水位级(m)	测流方案 (m, p, t)	最少垂线数 m （方案下限）	备注
高水 122.00 以上	1) 15　2　100 2) 15　1　100 3) 10　1　60	9	方案的优先级按先后 顺序进行排列，故优选 排列在前的方案。 m 为垂线数； p 为垂线测点数； t 为历时，s
中水 120.50~ 122.00	1) 15　2　100 2) 15　1　100 3) 10　1　100	8	
低水 120.00~ 120.50	1) 10　2　100 2) 10　1　100	6	

18. 社旗水文站

（1）水位级划分见附表53。

附表 53　水位级划分　　　　　　　　　　　（单位：m）

水位级	高水	中水	低水	枯水
	109.00 以上	107.50~109.00	106.50~107.50	106.50 以下
备注				

（2）允许总随机不确定度 X'_Q 与已定系统误差 U_Q 见附表54。

附表 54　允许总随机不确定度 X'_Q 与已定系统误差 U_Q

水位级	高水	中水	低水	枯水
X'_Q	6	7	10	
U_Q	-2~1	-2~1	-2~1	

（3）常用测流方案见附表55。

水位级(m)	测流方案 (m,p,t)	最少垂线数 m (方案下限)	备注
高水 109.00 以上	1)15　1　100 2)15　1　60 3)15　1　30	9	方案的优先级按先后顺序进行排列,故优选排列在前的方案。 m 为垂线数; p 为垂线测点数; t 为历时,s
中水 107.50~ 109.00	1)15　2　60 2)15　1　100 3)15　1　60	8	
低水 106.50~ 107.50	1)15　1　100 2)15　1　100	6	

19. 唐河(二)水文站

(1)水位级划分见附表56。

附表 56　水位级划分　　　　　　　　　　(单位:m)

水位级	高水	中水	低水	枯水
	92.00 以上	90.50~92.00	89.50~90.50	89.50 以下
备注				

(2)允许总随机不确定度 X'_Q 与已定系统误差 U_Q 见附表57。

附表 57　允许总随机不确定度 X'_Q 与已定系统误差 U_Q

水位级	高水	中水	低水	枯水
X'_Q	5	6	9	
U_Q	-2~1	-2~1	-2~1	

(3)常用测流方案见附表58。

附表58　常用测流方案

水位级(m)	测流方案 (m,p,t)	最少垂线数 m (方案下限)	备注
高水 92.00 以上	1)20　1　60 2)15　1　100 3)15　1　60	9	方案的优先级按先后 顺序进行排列,故优选 排列在前的方案。 m 为垂线数; p 为垂线测点数; t 为历时,s
中水 90.50~ 92.00	1)15　2　100 2)15　1　100 3)15　1　60	8	
低水 89.50~ 90.50	1)15　2　100 2)15　1　100	6	

20.宋家场水库水文站

(1)水位级划分见附表59。

附表59　水位级划分　　　　　　　　　　(单位:m)

水位级	校核水位	设计水位	兴利水位	死水位
	198.80	187.46	186.50	175.00
备注				

(2)常用测流方案。

左岸输水道和右岸输水道断面常用测流方案见附表60。

附表60　左岸输水道和右岸输水道断面常用测流方案

水位级(m)	测流方案 (m,p,t)	最少垂线数 m (方案下限)	备注
高水 10.0 以上	1)10　2　100 2)9　3　100 3)9　2　100	9	方案的优先级按先后 顺序进行排列,故优选 排列在前的方案。 m 为垂线数; p 为垂线测点数; t 为历时,s
中水 3.0~10.0	1)9　2　100 2)8　3　100 3)8　2　100	7	
低水 3.0 以下	1)8　2　100 2)7　3　100 3)7　1　100	7	

21. 泌阳水文站

(1)水位级划分见附表61。

附表 61　水位级划分　　　　　　　　　　　　　　　　（单位：m³/s）

水位级 （按流量划分）	高水	中水	低水	枯水
	77.4 以上	4.08~77.4	0.91~4.08	0.91 以下
备注				

(2)允许总随机不确定度 X'_Q 与已定系统误差 U_Q 见附表62。

附表 62　允许总随机不确定度 X'_Q 与已定系统误差 U_Q

水位级	高水	中水	低水	枯水
X'_Q	6	7	10	
U_Q	−2~1	−2~1	−2~1	

(3)常用测流方案见附表63。

附表 63　常用测流方案

水位级 （按流量划分）	测流方案 （m,p,t）	最少垂线数 m （方案下限）	备注
高水 77.4 m³/s 以上	1)16　3　100 2)13　2　100 3)13　1　100	13	方案的优先级按先后顺序进行排列，故优选排列在前的方案。 　m 为垂线数； 　p 为垂线测点数； 　t 为历时,s
中水 4.08~ 77.4 m³/s	1)13　3　100 2)10　3　100 3)10　2　100	10	
低水 4.08 m³/s 以下	1)13　3　100 2)10　3　100 3)10　2　100	10	

22. 平氏水文站

(1)水位级划分见附表64。

水位级	高水	中水	低水	枯水
	0.00 以上	−1.00～0.00	−1.50～−1.00	−1.50 以下
备注				

（2）允许总随机不确定度 X'_Q 与已定系统误差 U_Q 见附表 65。

附表 65　允许总随机不确定度 X'_Q 与已定系统误差 U_Q

水位级	高水	中水	低水	枯水
X'_Q	6	7	10	
U_Q	−2～1	−2～1	−2～1	

（3）常用测流方案见附表 66。

附表 66　常用测流方案

水位级（m）	测流方案 （m,p,t）	最少垂线数 m （方案下限）	备注
高水 0.00 以上	1）20　1　60 2）15　1　100 3）15　1　30	9	方案的优先级按先后顺序进行排列，故优选排列在前的方案。 m 为垂线数； p 为垂线测点数； t 为历时，s
中水 −1.00～0.00	1）15　2　60 2）15　1　100 3）15　1　60	8	
低水 −1.50～ −1.00	1）15　1　100 2）15　1　60	6	

附录 4　基本水文站测洪方案

河南省长江流域基本水文站测洪方案见附表 67。

附表67　河南省长江流域基本水文站测洪方案

序号	站名	项目	一般洪水(P>10%)	较大洪水(5%<P≤10%)	大洪水(2%<P≤5%)	特大洪水(P≤2%)	流速系数采用及其他说明
1	荆紫关(二)	流量(m³/s)	$Q < 3\,500$	$3\,500 \leq Q < 4\,800$	$4\,800 \leq Q < 6\,500$	$Q \geq 6\,500$	水深小于0.50 m时涉水测流。小浮标系数和中泓浮标系数均为0.70(分析值),水面流速仪水面系数和均匀浮标系数均为0.86(经验值),半深系数为0.93(经验值),高水糙率系数为0.030(历史资料)
		水位(m)	$Z < 214.80$	$214.80 \leq Z < 215.60$	$215.60 \leq Z < 216.20$	$Z \geq 216.20$	
		测洪方案	缆道流速仪法、桥测流速仪法、电波流速仪法	电波流速仪法、浮标法、比降面积法	电波流速仪法、浮标法、比降面积法	浮标法、比降面积法	
2	西坪	流量(m³/s)	$Q < 1\,500$	$1\,500 \leq Q < 2\,400$	$2\,400 \leq Q < 3\,700$	$Q \geq 3\,700$	水深小于0.50 m时涉水测流。水面流速系数和电波流速水面系数均为0.85(经验值),高水糙率系数为0.024(历史资料)
		水位(m)	$Z < 95.70$	$95.70 \leq Z < 96.40$	$96.40 \leq Z < 97.50$	$Z \geq 97.50$	
		测洪方案	桥测流速仪法、电波流速仪法	电波流速仪法、比降面积法	电波流速仪法、比降面积法	比降面积法	
3	米坪	流量(m³/s)	$Q < 1\,500$	$1\,500 \leq Q < 2\,200$	$2\,200 \leq Q < 3\,100$	$Q \geq 3\,100$	水深小于0.50 m时涉水测流。中泓浮标系数为0.68(分析值),高水糙率系数为0.027(历史资料)
		水位(m)	$Z < 6.80$	$6.80 \leq Z < 7.60$	$7.60 \leq Z < 8.80$	$Z \geq 8.80$	
		测洪方案	缆道流速仪法、浮标法	缆道流速仪法、浮标法	浮标法、比降面积法	浮标法、比降面积法	

序号	站名	项目	一般洪水 （P > 10%）	较大洪水 （5% < P ≤ 10%）	大洪水 （2% < P ≤ 5%）	特大洪水 （P ≤ 2%）	流速系数采用及其他说明
4	西峡	流量（m³/s）	$Q < 3\,400$	$3\,400 \leq Q < 4\,600$	$4\,600 \leq Q < 6\,200$	$Q \geq 6\,200$	水深小于 0.50 m 时涉水测流。中泓浮标系数为 0.72（分析值），高水糙率系数为 0.030（历史资料）
		水位（m）	$Z < 79.50$	$79.50 \leq Z < 80.80$	$80.80 \leq Z < 82.20$	$Z \geq 82.20$	
		测洪方案	缆道流速仪法、浮标法、比降面积法	浮标法、比降面积法	浮标法、比降面积法	浮标法、比降面积法	
5	白土岗（二）	流量（m³/s）	$Q < 2\,000$	$2\,000 \leq Q < 2\,600$	$2\,600 \leq Q < 3\,400$	$Q \geq 3\,400$	水深小于 0.50 m 时涉水测流。中泓浮标系数为 0.70（经验值），电波流速仪水面系数为 0.85（经验值）
		水位（m）	$Z < 183.60$	$183.60 \leq Z < 184.00$	$184.00 \leq Z < 184.60$	$Z \geq 184.60$	
		测洪方案	缆道流速仪法、桥测流速仪法	缆道流速仪法、桥测流速仪法	浮标法、电波流速仪法	浮标法、电波流速仪法	
6	鸭河口水库	溢洪道流量（m³/s）	$Q < 2\,600$	$2\,600 \leq Q < 3\,500$	$3\,500 \leq Q < 5\,000$	$Q \geq 5\,000$	水深小于 0.50 m 时涉水测流。中泓浮标系数为 0.72（分析值），水面流速系数和电波流速系数均为 0.85（经验值）
		坝上水位（m）	$Z < 175.70$	$175.70 \leq Z < 178.00$	$178.00 \leq Z < 179.00$	$Z \geq 179.00$	
		测洪方案	桥测流速仪法、ADCP法、电波流速仪法	ADCP法、电波流速仪法、泄流曲线法	ADCP法、电波流速仪法、泄流曲线法	浮标法、泄流曲线法	

序号	站名	项目	一般洪水 (P>10%)	较大洪水 (5%<P≤10%)	大洪水 (2%<P≤5%)	特大洪水 (P≤2%)	流速系数采用 及其他说明
7	南阳 (四)	流量(m³/s)	Q<2 200	2 200≤Q<3 200	3 200≤Q<4 500	Q≥4 500	水深小于0.50 m时涉水测流。中泓浮标系数为0.70(分析值),水面流速系数和电波系数均为0.85(经验值)
		水位(m)	Z<115.40	115.40≤Z<116.40	116.40≤Z<117.40	Z≥117.40	
		测洪方案	桥测流速仪法、ADCP法、电波流速仪法	桥测流速仪法、ADCP法、电波流速仪法	桥测流速仪法、ADCP法、电波流速仪法	电波流速仪法、浮标法、比降面积法	
8	李青店 (二)	流量(m³/s)	Q<2 400	2 400≤Q<3 200	3 200≤Q<4 350	Q≥4 350	中泓浮标系数0.70(经验值),均匀浮标系数和电波流速仪水面系数均为0.85(经验值),高水糙率系数为0.027(历史资料)
		水位(m)	Z<201.10	201.10≤Z<201.80	201.80≤Z<202.60	Z≥202.60	
		测洪方案	缆道流速仪法、桥测流速仪法	缆道流速仪法、电波流速仪法	电波流速仪法、浮标法	浮标法、比降面积法	
9	留山 (二)	流量(m³/s)	Q<540	540≤Q<700	700≤Q<900	Q≥900	水深小于0.50 m时涉水测流。中泓浮标系数为0.85(经验值),电波流速仪水面系数为0.85(经验值)
		水位(m)	Z<214.40	214.40≤Z<214.80	214.80≤Z<215.40	Z≥215.40	
		测洪方案	桥测流速仪法、电波流速仪法	桥测流速仪法、电波流速仪法	电波流速仪法、浮标法	电波流速仪法、中泓浮标法	

续附表 67

序号	站名	项目	一般洪水 （P > 10%）	较大洪水 （5% < P ≤ 10%）	大洪水 （2% < P ≤ 5%）	特大洪水 （P ≤ 2%）	流速系数采用及其他说明
10	口子河	流量（m³/s）	Q < 1 800	1 800 ≤ Q < 2 300	2 300 ≤ Q < 3 000	Q ≥ 3 000	水深小于 0.50 m 时涉水测流。中泓浮标系数均为 0.68（分析值），均匀浮标系数为 0.85（分析值），电波流速仪水面系数为 0.85（经验值）
		水位（m）	Z < 94.60	94.60 ≤ Z < 95.00	95.00 ≤ Z < 95.50	Z ≥ 95.50	
		测洪方案	缆道流速仪法、桥测流速仪法	缆道流速仪法、浮标法	浮标法、电波流速仪法	中泓浮标法	
11	内乡（二）	流量（m³/s）	Q < 1 600	1 600 ≤ Q < 2 000	2 000 ≤ Q < 2 400	Q ≥ 2 400	水深小于 0.50 m 时涉水测流。中泓浮标系数为 0.72（经验值），电波流速仪水面系数为 0.85（经验值）
		水位（m）	Z < 98.40	98.40 ≤ Z < 99.20	99.20 ≤ Z < 100.00	Z ≥ 100.00	
		测洪方案	桥测流速仪、ADCP 法	桥测流速仪、ADCP 法	ADCP 法、电波流速仪法	电波流速仪法、浮标法	
12	潭滩	流量（m³/s）	Q < 2 400	2 400 ≤ Q < 3 000	3 000 ≤ Q < 3 900	Q ≥ 3 900	水深小于 1.00 m 时涉水测流。水面流速系数为 0.88（经验），中泓浮标系数为 0.72（经验值），高水糙率系数为 0.028（历史资料）
		水位（m）	Z < 97.30	97.30 ≤ Z < 97.60	97.60 ≤ Z < 98.00	Z ≥ 98.00	
		测洪方案	缆道流速仪、船测、ADCP 法	缆道流速仪、船测、ADCP 法	缆道流速仪法、浮标法、比降面积法	浮标法、比降面积法	

续附表 67

序号	站名	项目	一般洪水 （P > 10%）	较大洪水 （5% < P ≤ 10%）	大洪水 （2% < P ≤ 5%）	特大洪水 （P ≤ 2%）	流速系数采用及其他说明
13	棠梨树	流量（m³/s）	Q < 530	530 ≤ Q < 780	780 ≤ Q < 1 150	Q ≥ 1 150	水深小于 0.50 m 时涉水测流。中泓浮标系数为 0.60（分析值），电波流速仪水面系数为 0.75（经验值），高水糙率系数为 0.030（历史资料）
		水位（m）	Z < 226.10	226.10 ≤ Z < 226.90	226.90 ≤ Z < 228.00	Z ≥ 228.00	
		测洪方案	缆道流速仪法、电波流速仪法	电波流速仪法、浮标法	中泓浮标法、比降面积法	中泓浮标法、比降面积法	
14	赵湾水库	溢洪道流量（m³/s）	Q < 30	30 ≤ Q < 300	300 ≤ Q < 600	Q ≥ 600	
		坝上水位（m）	Z < 219.50	219.50 ≤ Z < 221.00	221.00 ≤ Z < 221.70	Z ≥ 221.70	电波流速仪水面系数为 0.75（经验值）
		测洪方案	电波流速仪法、曲线法	电波流速仪法、曲线法	电波流速仪法、曲线法	电波流速仪法、曲线法	
15	白牛	流量（m³/s）	Q < 350	350 ≤ Q < 470	470 ≤ Q < 650	Q ≥ 650	水深小于 0.50 m 时涉水测流。水面流速仪水面流速系数为 0.85（经验值）
		水位（m）	Z < 108.20	108.20 ≤ Z < 109.00	109.00 ≤ Z < 110.00	Z ≥ 110.00	
		测洪方案	桥测流速仪法、ADCP法	桥测流速仪法、ADCP法	桥测流速仪法、ADCP法	桥测流速仪法、ADCP法	

续附表67

序号	站名	项目	一般洪水（P＞10%）	较大洪水（5%＜P≤10%）	大洪水（2%＜P≤5%）	特大洪水（P≤2%）	流速系数采用及其他说明
16	菁华	流量(m³/s)	Q＜50	50≤Q＜80	80＜Q＜120	Q≥120	水深小于0.50m时涉水测流。水面流速仪和电波流速仪水面系数均为0.85(经验值)
		水位(m)	Z＜120.90	120.90≤Z＜121.50	121.50≤Z＜122.00	Z≥122.00	
		测洪方案	桥测流速仪法、ADCP法	桥测流速仪法、ADCP法	桥测流速仪法、ADCP法	ADCP法、电波流速仪法	
17	半店（二）	流量(m³/s)	Q＜630	630≤Q＜820	820≤Q＜1 100	Q≥1 100	水深小于0.50m时涉水测流。中泓浮标系数为0.70(经验值),高水糙率系数为0.030(历史资料)
		水位(m)	Z＜126.50	126.50≤Z＜126.90	126.90≤Z＜127.40	Z≥127.40	
		测洪方案	桥测流速仪法、中泓浮标法	桥测流速仪法、中泓浮标法	中泓浮标法、比降面积法	中泓浮标法、比降面积法	
18	社旗	流量(m³/s)	Q＜2 200	2 200≤Q＜2 900	2 900≤Q＜3 800	Q≥3 800	水深小于0.50m时涉水测流。中泓浮标系数为0.70(经验值),高水糙率系数为0.030(历史资料)
		水位(m)	Z＜116.10	116.10≤Z＜117.50	117.50≤Z＜118.50	Z≥118.50	
		测洪方案	缆道流速仪法、比降面积法	缆道流速仪法、比降面积法	比降面积法、中泓浮标法	比降面积法、中泓浮标法	
19	唐河（二）	流量(m³/s)	Q＜4 800	4 800≤Q＜6 300	6 300≤Q＜8 200	Q≥8 200	水深小于1.00m时涉水测流。中泓浮标系数为0.72(经验值),水面流速仪系数为0.89(经验值),电波流速仪水面系数为0.89(经验值),高水糙率系数为0.030(历史资料)
		水位(m)	Z＜98.20	98.20≤Z＜99.40	99.40≤Z＜100.00	Z≥100.00	
		测洪方案	船测、缆道流速仪、ADCP法	缆道流速仪法、电波流速仪法	电波流速仪、中泓浮标法、比降面积法	电波流速仪法、中泓浮标法、比降面积法	

序号	站名	项目	一般洪水 (P > 10%)	较大洪水 (5% < P ≤ 10%)	大洪水 (2% < P ≤ 5%)	特大洪水 (P ≥ 2%)	流速系数采用及其他说明
20	宋家场水库	流量(m^3/s)	$Q < 500$	$500 \leq Q < 700$	$700 \leq Q < 1\,000$	$Q \geq 1\,000$	电波流速仪水面系数为 0.85(经验值),$Q = M_1 Be(hu)^{0.5}$
		测洪方案	缆道流速仪法、ADCP 法、桥测流速仪法+ADCP 法	缆道流速仪+ADCP 法、桥测流速仪法+ADCP 法	电波流速仪法、水文建筑物法+查线法	电波流速仪法、水文建筑物法+查线法	
21	泌阳	流量(m^3/s)	$Q < 500$	$500 \leq Q < 1\,000$	$1\,000 \leq Q < 2\,000$	$Q \geq 2\,000$	水深小于 0.50 m 时涉水测流。电波流速仪水面系数为 0.84(经验值),水面流速系数为 0.80(经验值),均匀浮标系数为 0.85(分析值),中泓浮标系数为 0.70(分析值)
		水位(m)	$Z < 134.50$	$134.50 \leq Z < 136.00$	$136.00 \leq Z < 137.70$	$Z \geq 137.70$	
		测洪方案	缆道流速仪法、ADCP 法	缆道流速仪法、ADCP 法	电波流速仪法、浮标法	电波流速仪法、浮标法	
22	平氏	流量(m^3/s)	$Q < 2\,000$	$2\,000 \leq Q < 2\,800$	$2\,800 \leq Q < 4\,000$	$Q \geq 4\,000$	水深小于 0.50 m 时涉水测流。中泓浮标系数为 0.70(分析值),高水糙率系数为 0.026 ~ 0.028(历史资料)
		水位(m)	$Z < 5.00$	$5.00 \leq Z < 5.80$	$5.80 \leq Z < 6.90$	$Z \geq 6.90$	
		测洪方案	缆道流速仪法、船测、浮标法	缆道流速仪法、中泓浮标法	中泓浮标法、比降面积法	中泓浮标法、比降面积法	

附录 5 测洪小结报送

当发生洪峰流量大于附表 68 中的洪水标准时,洪水过后 3 天内,河南省长江流域基本水文站应及时以电子文本形式上报测洪小结至河南省水文水资源局(hnscyk@126.com)、河南省南阳水文水资源勘测局(nycyk@126.com)或河南省驻马店水文水资源勘测局(zmdcyk@126.com)。

附表 68 河南省长江流域基本水文站提交测洪小结洪水标准

序号	站名	洪峰流量(m³/s)
1	荆紫关(二)	1 500
2	西坪	1 000
3	米坪	1 000
4	西峡	1 500
5	白土岗(二)	1 000
6	鸭河口水库	入库水量超 0.9 亿 m³
7	南阳(四)	1 000
8	李青店(二)	1 000
9	留山(二)	500
10	口子河	1 000
11	内乡(二)	1 000
12	淇滩	1 500
13	棠梨树	500
14	赵湾水库	100
15	白牛	500
16	青华	50
17	半店(二)	400
18	社旗	1 000
19	唐河(二)	1 500
20	宋家场水库	300
21	泌阳	800
22	平氏	1 000

附录6 其他事项

对有比降观测任务的水文站,当洪水水位达到附表69中的洪水标准时,测流的同时须开展比降观测工作,并及时计算出糙率。

附表69 河南省长江流域基本水文站比降观测标准

序号	站名	水位(m)	水位基面说明
1	荆紫关(二)	≥213.00	黄海基面
2	米坪	≥6.00	冻结基面
3	西峡	≥78.00	冻结基面
4	李青店(二)	≥201.10	黄海基面
5	潋滩	≥96.00	吴淞基面
6	社旗	≥116.10	吴淞基面
7	唐河(二)	≥95.00	吴淞基面
8	平氏	≥3.00	冻结基面

参考文献

[1] 中华人民共和国水利部.水文资料整编规范:SL/T 247—2020[S].北京:中国水利水电出版社,2021.

[2] 岳利军,赵彦增,韩潮,等.河南省水文站基本资料汇编[M].郑州:黄河水利出版社,2014.

[3] 王俊,熊明.水文监测体系创新及关键技术研究[M].北京:中国水利水电出版社,2015.

[4] 王冬至,冯瑛.河南省长江流域水文站洪水特性分析及测洪方案应用[M].郑州:黄河水利出版社,2018.

[5] 赵志贡,岳利军,赵彦增,等.水文测验学[M].郑州:黄河水利出版社,2005.

[6] 朱晓原,张留柱,姚永熙.水文测验实用手册[M].北京:中国水利水电出版社,2013.

参考文献